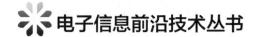
电子信息前沿技术丛书

signal analysis and processing of radar emitter

雷达辐射源信号分析与处理

◎胡德秀 赵拥军 陈世文 黄东华 著

清华大学出版社
北京

内 容 简 介

本书针对雷达辐射源信号分析与处理,结合该领域的最新发展,介绍雷达辐射源信号分析与处理的背景、概念、理论和方法,重点内容包括雷达辐射源信号调制方式、检测方法、参数估计方法、基于时频图像、高阶统计量的特征提取与识别等。

本书适用于高等院校信号分析与处理、雷达信号处理、电子信息工程等相关方向的高年级本科生或研究生,也可以为从事电子侦察、雷达工程、信号处理等领域的广大专业技术人员提供参考。

图书在版编目(CIP)数据

雷达辐射源信号分析与处理/胡德秀等著. —北京:清华大学出版社,2019
(电子信息前沿技术丛书)
ISBN 978-7-302-51715-3

Ⅰ. ①雷… Ⅱ. ①胡… Ⅲ. ①雷达信号－辐射源－信号分析②雷达信号－辐射源－信号处理
Ⅳ. ①TN957.51

中国版本图书馆 CIP 数据核字(2018)第 261194 号

责任编辑:文　怡　李　晔
封面设计:台禹微
责任校对:李建庄
责任印制:丛怀宇

出版发行:清华大学出版社
　　　　　网　　　址:http://www.tup.com.cn, http://www.wqbook.com
　　　　　地　　　址:北京清华大学学研大厦 A 座　　　　　邮　　编:100084
　　　　　社 总 机:010-62770175　　　　　　　　　　　　邮　　购:010-62786544
　　　　　投稿与读者服务:010-62776969, c-service@tup.tsinghua.edu.cn
　　　　　质量反馈:010-62772015, zhiliang@tup.tsinghua.edu.cn
　　　　　课件下载:http://www.tup.com.cn,010-62795954
印 装 者:北京鑫海金澳胶印有限公司
经　　销:全国新华书店
开　　本:185mm×260mm　　　　　印　　张:11　　　　　字　　数:265 千字
版　　次:2019 年 7 月第 1 版　　　　　印　　次:2019 年 7 月第 1 次印刷
定　　价:69.00 元

产品编号:081906-01

前言

FOREWORD

电子侦察是现代战争的重要组成部分，是获取电子情报的重要手段，也是电子对抗执行行动的前提条件。由于以雷达信号为代表的电子信号广泛地应用于各种武器平台，长期以来，对雷达的侦察和情报处理在电子战中占据着重要地位。因此，雷达辐射源信号的精确分析与处理受到了广泛的关注，产生了一系列技术研究成果。

本书以电子侦察为背景，对雷达辐射源信号的分析与处理进行了深入讨论。本书是作者所在研究团队近年来在电子侦察信号分析领域研究工作的总结和梳理，介绍了该领域的一些基本原理和研究结果，供读者参考使用。全书分为8章。第1章主要介绍了电子情报侦察的基本概念和主要问题；第2章主要介绍了电子侦察方程和雷达参数设计的特点；第3章主要介绍了雷达信号的常见形式；第4章主要介绍了开展雷达信号分析的主要数学工具；第5章主要介绍了常见的雷达侦察信号检测方法；第6章是雷达信号参数估计方法的介绍和讨论；第7章是基于时频图像特征的雷达信号识别方法介绍；第8章介绍了基于高阶统计量的雷达信号识别方法。

本书由胡德秀、赵拥军、陈世文、黄东华共同编著，集中了研究团队近年来所取得的主要研究成果，在此特别感谢白航、雷恒恒、肖乐群、沈伟等研究生提供的大量素材。黄洁教授和赵闯、党同心副教授对书稿的撰写提供了大量的指导与帮助，研究生刘智鑫、赵勇胜、刘亚奇、姜宏志对书稿进行了大量修订工作。在本书的编写过程中也得到了战略支援部队信息工程大学五院各级领导和同事的帮助和指导，在此深表感谢。本书得到国家自然科学基金（61703433）的资助，在此表示感谢。

由于作者水平有限，书中难免存在一些缺点和不足，殷切希望广大读者批评指正。

著　者

2019 年 4 月于郑州

目录

CONTENTS

第1章　电子侦察概述 …………… 1

1.1　电子情报基本概念 …………… 1
　1.1.1　电子侦察 …………… 1
　1.1.2　电子侦察的分类 …………… 2
　1.1.3　电子侦察与电子战 …………… 4
　1.1.4　电子情报 …………… 4
　1.1.5　电子情报的获取 …………… 5
1.2　雷达侦察信号特点 …………… 5
　1.2.1　雷达频率 …………… 6
　1.2.2　雷达命名规则 …………… 8
　1.2.3　信号环境的特点 …………… 9
　1.2.4　信号环境的参数 …………… 10
1.3　雷达侦察系统 …………… 12
　1.3.1　雷达侦察设备的组成 …… 12
　1.3.2　雷达侦察设备的技术
　　　　　特点 …………… 13
　1.3.3　雷达侦察设备的技术
　　　　　指标 …………… 14
1.4　雷达侦察信号分析处理 …… 15
　1.4.1　主要问题 …………… 15
　1.4.2　雷达信号截获技术 …… 17
　1.4.3　信号常规特征参数 …… 18
　1.4.4　信号脉内特征 …………… 19
1.5　本书的主要内容和架构 …… 20
参考文献 …………… 21

第2章　电子侦察作用距离与参数
　　　　限制 …………… 24

2.1　本章引言 …………… 24

2.2　电子侦察作用距离 …………… 24
　2.2.1　简单侦察方程 …………… 24
　2.2.2　系统损耗和损失 …………… 25
　2.2.3　电波传播过程中各种因素
　　　　　对侦察作用距离的影响 … 26
2.3　LPI雷达 …………… 27
2.4　雷达信号的约束条件 …………… 31
　2.4.1　与带宽相关的距离
　　　　　分辨率 …………… 31
　2.4.2　运动目标和积累时间的
　　　　　限制 …………… 32
　2.4.3　时间带宽积或脉冲压缩比的
　　　　　限制 …………… 33
　2.4.4　多普勒分辨率的限制 …… 33
　2.4.5　频率捷变 …………… 33
　2.4.6　脉冲重复间隔捷变 …… 34
　2.4.7　功率限制 …………… 36
2.5　本章小结 …………… 36
参考文献 …………… 36

第3章　雷达信号波形与重复间隔 … 37

3.1　本章引言 …………… 37

3.2　雷达信号波形 …………… 37
　3.2.1　雷达信号模糊函数 …… 37
　3.2.2　典型雷达脉内信号 …… 38
3.3　脉冲重复间隔变化 …………… 51
　3.3.1　脉冲重复间隔 …………… 51
　3.3.2　PRI调制方式及特点 …… 51
3.4　本章小结 …………… 54
参考文献 …………… 54

第4章 信号分析处理数学基础 ……… 55

4.1 本章引言 ……………………… 55

4.2 时频分析工具 ………………… 55

4.2.1 短时傅里叶变换 ………… 56

4.2.2 魏格纳-威尔时频分布 … 59

4.2.3 Cohen 类时频分布 …… 60

4.2.4 重排类时频分布 ……… 61

4.3 高阶统计量 …………………… 62

4.4 MCMC 方法 ………………… 66

4.4.1 蒙特卡洛方法 ………… 66

4.4.2 马尔科夫链 …………… 67

4.4.3 蒙特卡洛马尔科夫链

方法 ……………………… 67

4.5 支持向量机分类器 …………… 68

4.5.1 样本线性可分情况 …… 69

4.5.2 样本线性不可分情况 … 70

4.5.3 多类样本分类情况 …… 70

4.6 本章小结 ……………………… 71

参考文献 ……………………………… 71

第5章 雷达侦察信号检测 ………… 72

5.1 本章引言 ……………………… 72

5.2 检测原理 ……………………… 72

5.3 多相滤波器组实现信道化 …… 72

5.4 峰值功率检测 ………………… 76

5.5 非相干积累检测 ……………… 78

5.6 频域检测 ……………………… 79

5.7 RAT 检测 …………………… 80

5.8 本章小结 ……………………… 82

参考文献 ……………………………… 82

第6章 雷达信号参数估计 ………… 83

6.1 本章引言 ……………………… 83

6.2 线性调频信号参数提取 ……… 83

6.2.1 线性调频信号的贝叶斯

估计模型 ……………… 83

6.2.2 MCMC 算法 ………… 85

6.2.3 仿真实验 ……………… 85

6.3 相位编码信号参数提取 ……… 87

6.3.1 信号载频估计 ………… 88

6.3.2 码元宽度估计 ………… 88

6.3.3 仿真实验 ……………… 90

6.4 伪码-线性调频复合信号参数

估计 …………………………… 92

6.4.1 参数估计算法 ………… 92

6.4.2 性能分析与仿真实验 … 96

6.5 FSK/PSK 复合信号参数

估计 …………………………… 97

6.5.1 算法原理 ……………… 97

6.5.2 信号预处理 …………… 98

6.5.3 FSK 调制参数估计

算法 ……………………… 98

6.5.4 PSK 调制参数估计

算法 …………………… 101

6.5.5 仿真实验 …………… 104

6.6 雷达辐射源信号瞬时频率

估计 ………………………… 106

6.6.1 基于时频峰值检测的 IF

估计方法 ……………… 107

6.6.2 基于时频图像形态学的 IF

估计 …………………… 112

6.7 本章小结 …………………… 118

参考文献 …………………………… 118

第7章 基于时频图像特征的雷达信号

识别 ………………………… 120

7.1 本章引言 …………………… 120

7.2 时频分布 Rényi 熵特征提取

与识别 ……………………… 120

7.2.1 时频分布 Rényi 熵 … 120

7.2.2 支持向量机分类器 …… 123

7.2.3 时频分布 Rényi 熵特征识别

性能实验及结果分析 …… 125

7.3 时频形状特征的提取与

识别 ………………………… 127

7.3.1 时频图像形状特征

提取 …………………… 127

7.3.2 时频图像预处理 …… 127

7.3.3 中心矩特征 ………… 129

7.3.4　伪 Zernike 矩特征········· 129

7.3.5　时频图像形状特征识别
性能实验及结果分析 ··· 130

7.4　时频图像 LBP 纹理特征提取
与识别　··············· 131

7.4.1　时频图像预处理　······· 132

7.4.2　LBP 纹理描述子　······· 132

7.4.3　时频图像 LBP 纹理特征识
别性能实验及结果分析 ··· 134

7.5　本章小结　············· 137

参考文献 ··················· 137

第 8 章　基于高阶统计量的雷达信号
识别　··············· 139

8.1　本章引言　············· 139

8.2　基于双谱的雷达辐射源信号
识别　··············· 139

8.2.1　双谱　··············· 140

8.2.2　双谱的估计　········· 142

8.2.3　对角积分双谱特征
提取　··············· 143

8.2.4　仿真实验及分析　······· 144

8.3　基于循环双谱的雷达辐射源
信号识别　············· 150

8.3.1　循环双谱　··········· 151

8.3.2　基于循环双谱的特征
提取　··············· 153

8.3.3　仿真实验及分析　······· 156

8.4　本章小结　············· 164

参考文献 ··················· 164

第1章

电子侦察概述

电子侦察是现代战争的重要组成部分,是获取电子情报的重要手段,也是电子对抗执行行动的前提条件。由于以雷达信号为代表的电子信号广泛地应用于各种武器平台上,长期以来,对雷达的侦察和情报处理在电子战中占据着重要地位。对雷达辐射源信号的分析与处理是电子侦察中的重要环节,直接影响着电子侦察设备性能的发挥,并关系到后续的决策,它既是侦察系统信号处理的目的,又是判断敌方武器威胁情况的重要依据。本章主要阐述电子侦察、雷达辐射源信号分析的基本概念,便于读者了解雷达辐射源信号分析与处理的背景。

1.1　电子情报基本概念

自从 1608 年发明望远镜以来,雷达被认为是在感知远距离目标方面取得的最大的进步。电子情报(Electronic Intelligence,ELINT)是对雷达系统发射的信号进行观测的结果,目的是获得有关雷达性能的信息,即站在远处感知远方的雷达。通过电子情报,可以在距离雷达本身很远的地方获得有价值的情报。显然,电子情报适用于敌对、非合作情况;因为如果是合作方,则可以直接从雷达使用者和设计者那里得到信息。

电子情报是从感兴趣的信号截获中获得信息。除了雷达侦察信号以外,其他类型的信号也是电子情报的重要来源,包括信标和转发器、干扰机、导弹制导设备、某些数据链路、高度计、导航发射设备和敌我识别器。本书主要关注雷达侦察信号,即本书的电子信号侧重于雷达侦察信号。

1.1.1　电子侦察

电子侦察又称电子情报侦察,是指在大量辐射源信号充斥空间的条件下,利用电子侦察设备在较宽的射频频带上通过截获、处理、分析、记录各类电磁辐射信号,监视对方特定区域内各类电磁信号的活动,查清当面电磁辐射源情况,从中提取电子情报信息,借以掌握对方的军事动态和技术现状,并向高级指挥机关提供有关情报。电子侦察在平时和战时都要进行,是非通信信号侦察工作的重要组成部分。通常,可利用侦察卫星、侦察飞机、侦察船和地面侦察站来实施。电子侦察主要关注的辐射源信号通常包含雷达、导航、制导、敌我识别、遥测、遥感、遥控及电子对抗等信号。

1.1.2 电子侦察的分类

目前,情报的分类在学术界还没有大家一致认可的标准。一种比较权威的分类方法是把情报分为信号情报、照相情报和人工情报三大类。信号情报可进一步分为电子情报和通信情报。其中,前者是指收集以雷达为主的辐射信号而获得的情报,后者是对通信信号而言。

- SIGINT(Signal Intelligence):指信号情报,或指为完成信号情报搜集任务而进行的侦察活动,即信号情报侦察;
- ELINT(Electronic Intelligence):指电子情报或电子情报侦察;
- COMINT(Communication Intelligence):指通信情报或通信侦察;
- ESM(Electronic Support Measures):称为电子(战)支援措施或电子对抗支援侦察;属于电子侦察范畴。

1. 电子情报侦察

电子情报侦察的任务是全面地、准确地获取雷达的技术参数和战术情报。电子情报侦察的特点是:

(1) 要求全面详尽地侦察敌方雷达的有关技术、战术情报,以供上级指挥机关参考和情报部门的中心数据库存档;

(2) 这种侦察无论战时和平时都不间断地或定期地进行,侦察时间比较充裕;

(3) 进行这种侦察的设备通常由专门的地面侦察站、侦察飞机、侦察卫星、侦察船来执行。

2. 电子对抗支援侦察

电子对抗支援侦察的任务是侦察敌方雷达当前的工作状态、威胁等级、配置位置和转移等情报,供指挥员安排当前作战计划时参考。电子对抗支援侦察的特点是:

(1) 侦察的目的是满足当前作战的需要,对雷达参数测量的要求不像 ELINT 那样全面、准确,但对威胁等级高的雷达信号要求及时、全面、准确地截获和识别;

(2) 这种侦察通常在战斗前夕和战斗中进行,对于敌方制导雷达和火控雷达通常要求及时和准确测定空间位置,引导杀伤武器予以摧毁或予以无源、有源的干扰;

(3) 装备这种侦察设备的平台要求机动性能好,具有自卫能力,如电子战飞机、军舰、地面机动侦察站或无人驾驶飞机。

3. 雷达寻的和告警

雷达寻的和告警的任务是在作战中实时发现敌方火控与制导雷达的威胁信号并告警,使被保卫的飞机、舰艇和地面机动部队采取机动回避等自卫手段。雷达寻的和告警的特点是:

(1) 为了自身安全的需要,不要求对雷达信号作全面或精确的测量,只要求针对当前战斗环境中最具威胁的辐射源的最具特性的参数进行实时的、无遗漏地截获和识别,以便实时进行电子对抗干扰或及时地进行机动回避;

（2）这种侦察在战斗中进行，随时处于最优先的告警状态；

（3）这种侦察设备是每个重要飞机、舰艇所必备的。由于它针对的雷达对象比较明确，测量的参数也比较简单，为了不占用更多的宝贵的空间，通常它的设备比较简单。

4. 引导电子干扰或杀伤武器

引导电子干扰或杀伤武器的电子侦察设备，在结构上可以与干扰设备或杀伤武器融为一体，也可以是独立的设备。

用于引导干扰设备时，通常侦察设备能实时地给干扰设备提供雷达的方位、工作频率、调制参数和威胁等级等参数，使得干扰设备可以根据侦察设备送来的参数，选择干扰的样式和参数，以及干扰时机。

用于引导杀伤武器时，主要由侦察设备提供雷达的准确位置。反辐射导弹就是由对抗侦察设备和导弹合为一体而实现的，它的出现使得一向被认为是被动的、无源的电子侦察技术发展成为重要的、进攻性的电子对抗装备。

尽管 ELINT、COMINT 和 ESM 有共同特点，但也存在许多差异，主要表现在如下几个方面。

1. 侦察对象不同

COMINT 是以通信网台或数据网台为其侦察目标，对象是通信辐射信号；ESM 是以雷达信号和通信信号为侦察对象；而 ELINT 的目标范围则广泛得多，它包括一切非通信电磁辐射信号，如雷达、导航、制导、敌我识别、电子干扰、遥控、遥测、遥感等信号。本书重点讨论雷达信号侦察。

2. 侧重点不同

COMINT 比较侧重于利用通信信号的通信内容；ESM 侧重于雷达或通信信号的外部特征，即波形参数及调制参数；而 ELINT 不仅侧重于分析信号本身的技术参数，还重视它隐含的可利用信息以及辐射源的工作规律等。

3. 信号特征不同

通信信号以调制的多样性和工作频率相对较低为特征，而雷达信号调制相对单一且工作频率较高。尽管实际上雷达和通信两种应用的频率范围不可能明显区分开，但一般来说，通信频段在 2GHz 以下，雷达频段为 $2\sim100$GHz。

4. 分析方法不同

通信信号分析侧重于探索信号的解调方法和编码，以恢复信源为目的。ESM 在分析出主要技术参数后，还要推断出辐射源的战术性能，为干扰或摧毁提供信息。ELINT 除完成 ESM 的工作外，还强调对信号特征参数进行识别，提取"指纹"信息，以确定辐射源的类型、威胁等级并测定其具体位置，这一过程称为电子情报分析。所以，ELINT 要求测量信号参数精确、全面并且注重多种手段互为补充进行多源情报融合；电子情报分析工作的运作需要完备的电磁环境数据库支持。

5. 侦察使命不同

ELINT 属于战略侦察范畴，其任务是获得全面、准确的技术情报和军事情报，供高级指挥机关使用并为中心数据库提供准确的数据。ESM 属于战术侦察范畴，其任务是为战术指挥员提供及时的全部辐射源信息及威胁告警信息，以便快速作出反应。

6. 实时性要求不同

由于侦察使命不同，ELINT 要求对信号参数的精确测量和对辐射源工作能力的精细分析,而对信号处理的实时性要求可以放宽(要求对所有复杂信号进行实时处理是困难的)。ESM 要求具有实时信号处理能力及高截获概率,而对参数测量精度和严密性可以放宽标准。由此可见,ELINT 是预先侦察,是战前对敌方所进行的长期或定期侦察,目的在于事先全面掌握敌方电子系统的技术情报和军事情报,侦察时间比较充裕;而 ESM 是临战前及作战过程中对战场电磁环境进行的实时侦察,侦察行动比较紧急,时间有限。因此,ELINT 是 ESM 的基础和先导,ESM 是 ELINT 的继续和发展。

1.1.3   电子侦察与电子战

随着科学技术的进步,现代战争日益向高技术方向发展,其中的一个主要特征是战场上的电磁要素明显增加。在未来战争中,掌握制"谱"权,已经成为决定战争胜负的重要因素。随着雷达及导弹武器系统的大量使用,形成了复杂、多变并且具有严重威胁的电磁信号环境。在这种情况下,电子侦察工作显得越来越重要。

没有电子侦察就无法进行电子干扰和电子防御。为了有效地干扰敌方雷达的工作,必须全面、准确地掌握敌方雷达的技术参数和抗干扰能力。这些情况通常只能依靠电子侦察日积月累,在大量和全面地掌握了敌方雷达的各项技术参数后,通过分析和综合,找出敌方雷达的体制和构成中的特点,为选择合适的干扰手段提供依据。为了有效地进行电子防御,同样需要全面掌握敌方干扰设备的性能和特点,结合己方雷达的特点,制订出有效的反干扰措施,所有这些都需要以电子侦察为基础。

现代电子对抗与反对抗的手段已经越来越多变和具有针对性,如果不能及时调整己方的对抗手段,有针对性地对敌方设备进行干扰和电子防御,将失去电子战的主动权。

1.1.4   电子情报

从所截获的非通信电磁辐射信号中获取的有用信息称为电子情报。随着电子技术与信息技术在军事领域的广泛应用和不断发展,电子情报信息源也越来越多。为了全面掌握敌方的军事实力和作战意图,必须实时、全面地获得准确的电子情报。

一切人为的电磁辐射均有其目的。电子侦察的最终目的就是提取有关辐射源军事能力的情报。电子情报的应用价值较大,主要表现在以下几个方面。

1. 获取电子战斗序列

所谓电子战斗序列(Electronic Order of Battle,EOB),是指电磁辐射源在某一地区的部署情况。通过截获、处理和分析敌方的辐射源信号,并对各辐射源进行识别、定位,确定其数目,可以获取电子战斗序列,这是现代战争中不可缺少的情报资源。如果这些电子战斗序列仅限于已知型号的雷达,则称为雷达战斗序列。掌握电子战斗序列,可以确定某一地区的电子战威胁环境,建立电子战支援系统。利用所掌握的电子战斗序列,综合分析其他情报信息,可研判敌方的兵力部署和军事实力。因此编制电子战斗序列在军事上具有十分重要的价值。

2. 确定武器系统的威胁

通过对武器系统电磁辐射信号的精确测量并详细了解和研究该系统的基本性能,综合分析其各项参数及技术指标,可以分析武器系统的战术技术特性和效能。掌握某一地区各类武器系统电子装备的功能和特性,不仅可以描绘电子信号活动与武器系统使用的关系(信号指纹),同时也是制定战术计划及电子对抗与反对抗措施的基础。

3. 发现新型武器系统

任何新型的电子武器装备和系统,都有可能使战场上的敌我态势发生突然转化。由于研制方总是对其严加保密,致使从其他情报来源无法发现它们,电子情报在这方面的作用是非常重要的。任何一种新武器的开发都有它要达到的目的,而新武器的诞生又不是一下子"蹦"出来的,往往需要一个漫长的过程逐渐"进化",要经过基础研究、试制、实用试验等过程,在此过程中,电磁辐射是无法完全保密的。因此,长期监视敌方各类武器系统的电磁辐射信号,掌握各类辐射源的工作规律和技术特性,对变化的情况(如新波段、新调制样式、新天线扫描方式等)给予密切关注,可以发现新型或改进型武器系统,因为这些将预示新的电子系统的出现,并可对其使用目的进行评估。掌握这类武器系统的使用情况,可做到知己知彼、百战不殆,同时也可为己方武器装备的开发研制提供依据。

4. 发挥预警功能

通过对敌方各类与武器系统有关的电磁辐射源的工作特点、活动规律等情况进行统计分析,可以掌握敌方的动态。将电磁辐射源的信号分布与密度以及信号组成中的某些要素作为识别临战状态的标志,可使处于敏感地区的电子情报侦察站起到报警作用。电子情报还可以提供有价值的战略目标情报、战场动态情报和海上舰位情报等。

5. 评价敌对国家或地区电子生产与电子战的能力

电子侦察也是国家技术情报的重要来源。持续地进行电子侦察,详细统计和分析某一地区的电子信号密度和分布,综合研究其他来源的情报,可以判断敌方军事电子学的发展水平与动向,并对其电子生产和电子战能力作出评价。电子情报的这一作用对己方制定战略决策具有重要的意义。

1.1.5　电子情报的获取

电子情报是通过截收、记录和处理各种电子设备辐射的电磁信号,并对其外部特征参数进行技术分析而产生的情报。电子情报获取与通信情报获取的不同之处在于:它不是以单纯地截收通信信号并解读其通信内容为目的,而是通过对所截获的电磁辐射信号进行处理和分析,获取其时域、频域、空域等外部特征参数,并推断其所在位置和系统战术、技术性能为目的,通过对众多信号特征参数的识别、分类以及多源情报综合分析,还能提取其他更为重要的情报。未来战场上的电磁要素明显增加,一切高技术武器装备将依赖于电子技术保证其效能;在这种情况下,电子侦察工作的重要性也就不言而喻了。

情报分析工作可在战前和战时进行,时效较快。但是电子情报必须参照一定的先验知识(主要是电子情报数据库)进行综合分析,才能获得反映敌人军事意图的军事情报。

1.2　雷达侦察信号特点

电子侦察的主要对象是各类非合作电子信号,其中的重点是各类雷达信号。在进行雷达辐射源信号的分析和处理之前,还需要对目标信号,也就是雷达信号进行必要的了解。本节介绍电子侦察目标——雷达信号的主要特点。

1.2.1　雷达频率

雷达的工作频率没有根本性的限制，无论工作频率如何，都是通过回波信号来检测和定位目标，并且利用目标反射回波来提取目标信息的任何设备都可以认为是雷达。已经使用的雷达工作频率从几兆赫兹到紫外线区域。不同频率的雷达，其工作原理都是相同的，但是其实现却有很多差别。实际上，大部分雷达工作在微波频率，但也有例外。雷达的频率使用范围如表 1-1 所示。

表 1-1　雷达信号频率表

波　段	频 率 范 围	国际电信联盟规定的雷达频率
HF	3～30MHz	
VHF	30～300MHz	138～144MHz 216～225MHz
UHF	300～1000MHz	420～450MHz 890～942MHz
L	1000～2000MHz	1215～1400MHz
S	2000～4000MHz	2300～2500MHz 2700～3700MHz
C	4000～8000MHz	8500～10680MHz
X	8～12GHz	
Ku	12～18GHz	13.4～14GHz 15.7～17.7GHz
K	18～27GHz	24.05～24.24GHz
Ka	27～40GHz	33.4～36.0GHz
V	40～75GHz	59～64GHz
W	75～110GHz	76～81GHz 92～100GHz
毫米波	110～300GHz	126～142GHz 144～149GHz 231～235GHz 238～248GHz

（注：引自 IEEE 标准 521—1984）

国际电信联盟(ITU)为无线电定位(雷达)指定了特定的频段。每个频段都有自身特有的性质，从而使它比其他频段更适合某些应用。下面将说明电磁波频谱中各部分的性质。实际上，频域的划分并不像名称那样分明。

1. 高频(HF，3～30MHz)

虽然在第二次世界大战前夕英国人的第一部雷达工作在 HF 频段，但是用在雷达上，它具有许多缺点。在该频段，窄波束天线需要采用大型的天线，外界自然噪声大，可用的带宽窄，并且民用设备广泛使用这一频段，因而雷达频率被限制在很窄的范围内。另外，波长长意味着许多有用的目标位于瑞利区,在该区域内目标尺寸小于波长。因此,目标的截获面积在 HF 频率条件下比微波条件下小。

高频电磁波的一个重要特性是它能够被电离层折射,并且根据电离层的实际情况,电磁波可以在 500～2000 英里(1 英里≈1609 米)外折射回地面,这可用作飞机和其他目标的超视距检测。对于大面积观察的雷达来说,超视距探测能力使 HF 频段具有较大的吸引力,这对常规雷达来说是不实际的。

2. 甚高频(VHF,30～300MHz)

和 HF 频段一样,VHF 频段很拥挤,带宽窄,外部噪声大,波束宽。但是与微波频段相比,所需工艺简单、价格便宜。对于性能好的 MTI(Moving Target Indication)雷达所需的稳定的发射机和振荡器来说,该频段相对于更高的频段容易实现,并且可以免受频率升高时盲速对 MTI 效能的限制。雨的反射也不成问题。在好的反射表面上(如海面)采用直射波和表面反射波间的相长干涉会大大增加雷达的最大防空距离(几乎为自由空间的两倍)。但是随之而来的是相消干涉会导致覆盖范围内某些仰角能量为零和低仰角能量的降低。该频段是成本低、距离远的工作频段。

尽管甚高频具有许多诱人的特点,但是它的优点并不总能弥补其局限,所有雷达大都不采用该频段。

3. 超高频(UHF,300～1000MHz)

比起 VHF 频段,超高频外部噪声低,波束较窄,并且也不受气候的困扰。在有合适的大天线情况下,对于远程预警雷达,特别是用于监视宇宙飞船、弹道导弹等外层空间目标的雷达,这个频段很适用。该频段特别适合机载早期预警(Air Early Warning,AEW),例如使用 AMTI(Air Moving Target Indication)检测飞行器的机载雷达。超高频段的固态发射机能产生大功率,并且具有可维护性好和带宽大的优点。

4. L 波段(1.0～2.0GHz)

L 波段是地面远程对空警戒雷达的首选频段,如作用距离 200 英里的用于空中交通管制雷达。在该频段能得到好的 MTI 性能、大功率及窄波束天线,并且外部噪声低。军用 3D 雷达使用过 L 波段,也使用过 S 波段。L 波段也适合检测外层空间远距离目标的大型雷达。

5. S 波段(2.0～4.0GHz)

在 S 波段,对空警戒可以是远程雷达。随着频率的升高,MTI 雷达出现的盲速数量增多,从而使得 MTI 的性能变差。雨杂波会明显减少 S 波段雷达的作用距离,对于必须准确估计降雨率的远程气象雷达来说,它是首选频率。它也是空中监视雷达的较好频率,例如航线终端的机场监视雷达。该频段的波束宽度更窄,因而角精度和角分辨率高,从而易于减轻军用雷达可能遭到的敌方主瓣干扰的影响。由于在更高的频率上能得到窄的仰角波束,也有军用 3D 雷达和测高雷达采用 S 波段。远程机载对空警戒脉冲多普勒雷达也工作在该频段,如机载预警和控制系统。

通常,比 S 波段低的频率适合于对空警戒(大空域内探测和低数据率跟踪多目标)。S 波段以上的频率适合于信息收集,例如高数据率精确跟踪和识别个别目标。若使雷达频率既适用于对空警戒,又适用于精确跟踪(如基于多功能相控阵雷达的军用防空系统),S 波段是合适的折中。

6. C 波段(4.0~8.0GHz)

C 波段介于 S 波段和 X 波段之间,可看作是二者的折中。但是,在该频段或更高的频率上实现远程对空警戒很困难。该频段常用于导弹精确跟踪的远程精确制导雷达中。多功能相控阵防空雷达和中程气象雷达也使用该频段。

7. X 波段(8~12GHz)

X 波段是军用武器控制(跟踪)雷达和民用雷达的常用频段。舰载导航和领港、恶劣气象规避、多普勒导航以及警用测速都使用 X 波段。该频段雷达尺寸适宜,所以适合于注重机动性、重量轻且非远距离的场合。该频段雷达的带宽宽,从而可以产生窄脉冲,并可通过小尺寸的天线产生窄波束,有利于信息收集。一部 X 波段雷达可小到拿在手里,也可以大如麻省理工学院林肯实验室的"干草堆山"(Haystack Hill)雷达。它的天线直径为 120ft,平均辐射功率为 500kW。不过下雨时会削弱 X 波段雷达的功能。

8. Ku、K 和 Ka 波段(12~40GHz)

在第二次世界大战期间发展起来的初期波段雷达中,它们的波长都集中在 1.25cm(24GHz)。由于该波长接近水蒸气的谐振波长,所以水蒸气的吸收会降低雷达的作用距离,因此选择这个频率是不适宜的。这些频率受到关注是因为其带宽宽,并且通过小孔径就可获得窄波束。虽然没有多少雷达采用这些频率,但是用于机场地面交通雷达,满足定位和控制所需要的高分辨率,工作在 Ku 波段。在这种特殊应用中,由于作用距离短,所以其缺点并不重要。

9. 毫米波波段(40GHz 以上)

尽管 Ka 波段的波长约为 8.5mm(35GHz),考虑到 Ka 波段雷达的工艺与毫米波相比更接近雷达的工艺,它很少被认为是毫米波段的典型频率,所以毫米波的范围为 40~300GHz。当频率为 60GHz 时,大气中的氧气吸收产生异常衰减,排除了雷达在其邻近频率的应用。90GHz 频率通常是毫米波雷达的"典型"频率。大功率、高灵敏度接收机和低损耗传输线在毫米波段不易实现,但根本问题是即使在晴朗的天气下,毫米波段也存在着很大的衰减。

10. 激光频率

红外光谱、可见光谱和紫外光谱的激光雷达可得到幅度、效率适当的相参功率和定向窄波束。激光雷达具有良好的角度和距离分辨率,对目标信息的获取很有吸引力,例如精确测距和成像。它们已用于军用雷达测距器和勘探的距离测量。人们已考虑利用这些雷达从太空测量大气温度、水蒸气、臭氧的分布剖面以及测量云层的高度和对流层风速。激光雷达孔径的实体面积比较小,因而不能用于太空警戒。激光雷达的缺点是在雨、云或者雾中不能有效工作。

1.2.2　雷达命名规则

电子设备是现代武器系统的重要组成部分,为了便于区分,电子设备一般都有一些固定的命名规则,以便于电子系统成体系发展。以美国为例,其电子系统的命名规则如表 1-2 所示。

表 1-2　电子设备命名规则

第一个字母	第二个字母	第三个字母
A：机载	A：不可见光、热辐射设备	A：辅助装置
B：水下移动式、潜艇	C：载波设备	B：轰炸
D：无人驾驶运载工具	D：放射性检测、指示、计算设备	C：通信(发射和接收)
F：地面固定	E：激光设备	D：测向侦察、警戒
G：地面通用	G：电报、电传设备	E：弹射、投掷
K：水陆两用	I：内部通信和有线广播	G：火力控制或探照灯瞄准
M：地面移动式	J：机电设备	H：记录、再现
P：便携式	K：遥测设备	K：计算
S：地面潜艇	L：电子对抗设备	M：维修、测试装置
T：地面可运输式	M：气象设备	N：导航(包括测高计、信标、罗盘、雷达信标、测距计、进场、着陆)
U：通用	N：空中声测设备	Q：专用或兼用
V：地面车载	P：雷达	R：接收、无源探测
W：水面和地下	Q：声呐和水声设备	S：探测、测距、测向、搜索
Z：有人、无人驾驶空中运输工具	R：无线电设备	T：发射
	S：专用设备,磁设备或组合设备	W：自动飞行或遥控
	T：电话(有线)设备	X：识别和辨认
	V：目视和可见光设备	Y：监视(搜索、探测和多目标跟踪)和控制(火控和空中控制)
	W：武器特有设备	
	X：传真和电视设备	
	Y：数据处理设备	

1.2.3　信号环境的特点

电磁信号环境是电子侦察设备在其工作环境中,所能遇到的各种辐射源在该侦察设备处所形成的信号总体。

现代电子情报设备所面临的信号环境远比早期的信号环境复杂。在早期信号环境中,辐射源的数量少,工作时间长,工作频率不变或慢变,电磁信号波形简单且固定,各种不同用途的辐射源(如雷达、通信、导航等)工作在不同的频率范围,不同用途的辐射源信号形式也有明显差异,电子侦察设备可以用搜索方式满足截获要求,分析和识别也容易进行。

现代信号环境一般是很复杂的,电子侦察所面临的信号环境的定性特点可以概括为以下几点:

(1)辐射源的数量日益增多。飞机或军舰上的电子侦察设备可能同时受到数十至上百个辐射源的照射。

(2)辐射源的体制多,雷达信号的波形复杂且多变。

(3)不同用途的辐射源的工作频率范围不断扩展,使得不同用途辐射源(如雷达、通信、导航等)的工作频率范围相互重叠的范围越来越宽。

(4)同一频率范围内的信号越来越多,同一时刻出现的信号也越来越多。

(5)制导、火控雷达辐射的信号越来越多,使得雷达系统必须以更高的效率截获和识别这类严重的、紧迫的威胁信号。

概括地说,电子侦察所面临的信号环境的特点是密集的、复杂的、交错的和多变的。

1.2.4　信号环境的参数

对电子侦察系统的性能要求是根据现代电子对抗信号环境来确定的,评价一部电子侦察设备对信号环境的适应程度,需要对信号环境作定量的描述和分析,以便得到能够表征信号环境特点的参数。

1. 信号密度和信号流量

信号密度是接收点空间存在的信号,以每秒钟内的平均脉冲数为单位。信号密度与接收设备所在的地域和高度有关。在雷达信号环境中,在某些重要地域,辐射源多达成千上万个,平均每秒发射 $100 \sim 200$ 万个脉冲;而在某些次要地区,辐射源数目很少,信号密度自然就很低。微波波段的辐射源,发射信号受电波直线传播的限制,地面、低空的信号密度低,而高空的信号密度高。

信号流量是进入电子侦察设备的每秒钟平均脉冲数。显然信号流量仅是信号密度的一部分,受接收机的灵敏度、所在高度、工作频段、带宽以及天线波束宽度的影响。某特定区域信号流量与接收机灵敏度、所在高度的关系是信号灵敏度越高,则收到的信号流量越高。低灵敏度(低于 -70dBm)情况下,在不同高度上,信号流量基本相同;中等灵敏度($-70 \sim -106\text{dBm}$)情况下,信号流量与灵敏度和高度都有关;而当灵敏度更高时,则信号流量主要取决于高度,即取决于该高度上的信号密度。

影响信号流量的其他因素包括接收设备的频段、带宽和天线的方向性。显然减小接收机的接收频率范围和天线的波束宽度会使信号流量下降,有时这是电子侦察来不及处理高密度的信号流量时迫不得已的措施,以保证对剩下的信号流量能进行正常处理。

现代电子侦察系统面临的信号环境,用信号流量的典型值来描述情况如下:

(1) 对于全频段、全方向、高灵敏度的 ESM 系统,如专用电子战飞机、大型舰艇上的电子侦察系统,信号流量大于 100 万脉冲/s。

(2) 对于宽频带、宽波束的自卫系统,如非电子战专用飞机、小型舰艇的自卫系统,信号流量为 $50 \sim 100$ 万脉冲/s。

(3) 对于地面的战术侦察系统,信号流量一般不超过($2 \sim 3$)万脉冲/s。

(4) 对于窄波束、窄频带的搜索系统,通常是情报侦察系统,信号流量一般不超过($1 \sim 2$)万脉冲/s。

当信号流量超过电子侦察设备的截获、处理能力时,会打乱正常的工作过程,只能用降低灵敏度,减小接收机频带宽度和天线波束宽度等方法使信号流量降到设备能正常工作的程度。

2. 辐射源数量

辐射源数量的多少与信号密度的高低密切相关。用辐射源数量直接表示电子侦察系统要对付的威胁,对指挥员是方便直观的。电子侦察能显示和处理的辐射源数量是衡量电子侦察系统性能的一个重要标志。

设一个区域内辐射源的数量为 N,F_r 为各辐射源平均的脉冲重复频率,则平均每秒内的脉冲数为 NF_r。雷达重复频率一般为 $100\text{Hz} \sim 10\text{kHz}$,而飞机、军舰主要受到火控、制导雷达的威胁,这些雷达的重复频率通常为 $1\sim2kHz$,这样如果信号密度为 10 万脉冲/s,就相当于有 $50\sim100$ 个辐射源。

3. 频率范围

信号环境的频率范围是电子侦察接收机必须截获的所有辐射源占据的频率范围。一般 ELINT 系统面临的信号环境的频率范围为 $0.5\sim18GHz$,它所要对付的各种雷达的工作频率基本在这个范围内。随着雷达技术的发展,信号环境的频率范围还在向更宽的范围扩展,目前已达到 $0.3\sim40GHz$。

4. 信号的形式和参数范围

1) 信号形式

目前电磁信号的形式是十分复杂的,能否处理各种形式复杂的电磁信号是衡量电子侦察系统性能高低的一个重要标志,因为形式复杂的电磁信号通常是由性能优良、威胁等级高的辐射源所辐射的。雷达电子侦察系统所面临的信号通常分为常规信号和复杂信号两类。

常规信号是指,收到的脉冲串信号的参数,包括工作频率 f(即载波频率)、脉冲宽度 PW、重复频率 PRF 都不变化的信号。这里所说的参数不变是指电子侦察系统进行信号处理时,在它所取样的时间内(通常是若干个雷达脉冲重复周期,几毫秒~几百毫秒)脉冲串的参数固定不变,所以机械跳频速度很慢的雷达信号就可看成是频率不变的信号。不同体制的雷达,如圆周扫描的警戒雷达、扇扫的测高雷达、圆锥扫描和单脉冲的跟踪雷达、边扫描边跟踪雷达,只要上述信号参数不变化,都属于常规信号,它们的差别只表现在参数的取值不同和天线对信号脉冲串幅度调制的不同。

复杂信号是相对常规信号而言的,常规信号范围以外的信号都可归为复杂信号,主要有:

(1) 脉间载频变化信号。

① 频率捷变信号,即下一个脉冲载频和上一个脉冲载频不同。

② 组间频率跳变信号,即同一脉冲组频率相同,脉冲组间周期性地在多个频率上跳变。

(2) 脉内载频变化信号。

① 脉内调频信号,脉冲内载频线性或非线性变化,而不是固定的载频。

② 脉内调相信号,脉冲内分成多个小脉冲,两个小脉冲的相位不连续而发生跳变。

③ 频谱扩展信号,信号占据很宽的频谱但脉冲的幅度很小。

④ 非正弦载波信号,噪声雷达信号、沃尔什波形(方波)雷达信号、冲击脉冲信号(无载波的极窄脉宽信号)。

(3) 重复周期变化信号。

① 重复周期(PRI)变化的脉冲信号,变化规律可以是规则的或随机的。

② PRI 参差信号,有固定关系的几个重复使用的脉冲串。

(4) 其他复杂信号。

① 脉冲串信号,一次发射一串间隔很近的脉冲串,作为一个脉冲看待。

② 频率分集信号,一次发射一组脉冲调制参数相同但载频不同的脉冲组。

复杂信号的接收和处理远比常规信号困难,对电子侦察系统的要求很高,原因是目前还没有一种通用的方法和接收机能用来截获和分析各种复杂信号。复杂信号的数量和种类越来越多,将来很可能成为雷达环境的主要组成部分。

2) 主要信号参数范围

(1) 脉冲宽度 PW。

一般为 $0.2\sim200\mu s$ 或更长。精密跟踪雷达常采用很窄的脉冲;而脉压信号,如脉内调频、脉内调相则采用几十微秒至几百微秒脉宽的脉冲。

(2) 脉冲重频 PRF。

一般为 100Hz 至几百 kHz。远程警戒雷达 PRF 较低,而动目标检测的脉冲多普勒雷达的 PRF 取几十~几百 kHz。

(3) 频率捷变范围。

一般为中心载频的 $5\%\sim15\%$,绝对跳频范围为 $200\sim500$MHz,频率捷变速度达 1000MHz/μs。

5. 电子侦察接收机输出脉冲信号流的统计特性

研究接收机输出脉冲信号流统计特性的目的,在于方便雷达信号处理过程的研究并确定电子侦察信号处理系统的合适性能和组成。接收机输出脉冲流是很多雷达辐射信号被接收设备截获后,由接收设备随机迭加在一起输出的。因此,输出脉冲流中每个输出脉冲的出现时刻,从电子侦察设备的输出端来看是随机的。一部圆周扫描的警戒雷达在侦察接收机输出端的信号流是以雷达天线扫描周期 Ta 为间隔的规则脉冲群。多部雷达的信号在侦察接收机输出端的信号是各雷达的规则脉冲群随机迭加的结果。

1.3 雷达侦察系统

获得雷达信号是进行雷达辐射源信号分析与处理的前提条件,而进行雷达信号的截获,就离不开雷达侦察系统。虽然本书侧重于对雷达辐射源信号分析与处理过程的介绍,但是对雷达侦察系统的了解和熟悉是必不可少的前提。

1.3.1 雷达侦察设备的组成

装载侦察设备的载体(平台)有地面机动设备、舰艇、飞机,甚至卫星等多种平台,为完成各种不同的任务,具体的侦察设备也是多种多样的,但它们的组成原理基本相同,都包括两个基本部分:侦察机的前端和终端。

侦察机的前端由天线和接收机两部分组成,前端完成对雷达信号的截获,以及对载频、方位等脉冲参数的测量。侦察机的终端由信号处理机和显示、记录、控制器等输入输出设备组成,完成对前端送来的雷达信号与参数的处理和显示,给出敌方雷达的技术参数并进一步分析提取战术情报。

天线的主要作用是将空间的电磁波转换为高频的电信号,测向天线还用来测量雷达信号的入射方位。通常,侦察天线采用圆极化的、工作频率很宽(如倍频程或几个倍频程)的平面螺旋或对数周期天线。

接收机的主要作用是放大天线送来的微弱高频信号,并将高频信号转换为信号处理部分所需的视频信号,测频接收机还要测量雷达信号的载频以及雷达信号的脉冲参数。天线和接收机配合,完成对雷达信号的截获和转换。截获信号必须同时满足 4 个条件:方向上、频率上、极化上对准和必要的接收机灵敏度。

信号处理系统完成对信号的分选、分析和识别。信号处理系统通常由预处理机和主处理机两部分组成。预处理机的主要作用是将高密度的雷达信号流(10 万～100 万脉冲/s)降低到主处理机可以适应的信号密度(约 1000 脉冲/s)。预处理机通常采用高速专用电路,通过简单的处理步骤,将大量不感兴趣的或已知的雷达信号从输入信号流中剔除。主处理机的主要作用是完成对雷达信号的分析和识别。主处理机分析的目的是给出雷达信号脉冲串所包含的信息,如天线扫描形式、天线方向图等。主处理机识别的目的是给出雷达的本身属性(即性能、用途等)。通常主处理机由高速小型计算机担任。

人机接口的主要作用是控制电子侦察机的各部分工作状态,使电子侦察设备按操纵员的要求在感兴趣的空间、频段对雷达信号进行接收、处理和显示。

概括地说,现代电子侦察机是为了实现 100%截获概率和对各种雷达信号的分选、分析和识别。天线和接收系统在频域上具有宽工作频带以及瞬时、精确测频能力,在方位上具有全向、瞬时、精确测向能力,在接收机电路上适应密集信号的接收,信号处理系统必须具有信号分选能力和复杂信号的处理能力。

1.3.2　雷达侦察设备的技术特点

雷达侦察设备在完成各种侦察任务时可具有全天候能力,不像光学系统受昼夜和天气的限制,因此成为侦察的重要手段。雷达侦察和主动雷达相比还有许多优点,使雷达侦察设备能广泛、有效地探测、监视和告警重要目标,成为现代战争的重要手段。这些优点具体如下。

1. 侦察作用距离远

雷达接收的信号是经过目标反射的极微弱的回波,而侦察设备接收的信号是雷达发射的直射波,用最简单的直接检波式接收机,就可在雷达作用距离之外发现带雷达的目标。用高灵敏度的超外差接收机可以实现超远程侦察,监视敌方远程导弹基地的雷达活动情况,而导弹的发射与导弹基地中雷达的工作情况有关。

2. 获取目标的信息多而准

雷达侦察可以测量雷达的很多参数,并根据这些参数准确判定目标的性能和用途,甚至利用雷达参数的微小区别,对带有相同型号雷达的不同目标也能区分、识别,直至指出载体的名称,这是雷达不可能办到的。

3. 预警时间长

预警时间长的原因有两个:第一个原因是侦察机比雷达发现目标早,可在雷达发现目标前这一段时间内做好战斗准备;第二个原因是敌方有重要行动前,如导弹发射,雷达通常要提前频繁地进行工作,因此,根据敌方雷达的异常情况可以提前几十分钟甚至几小时获知敌方的重大行动。

4. 隐蔽性好

雷达侦察设备只接收雷达信号,不发射电磁波,因而具有高度的隐蔽性,这在战斗中是非常有利的。

雷达侦察也具有一些局限性,主要体现在两个方面。

(1) 获取情报完全依赖于雷达的发射。这是侦察设备的根本弱点,敌方雷达可能采取各种反侦察手段,使侦察设备难以有效工作。

(2) 单台侦察设备不能直接测距。由于单台侦察设备不能直接测距,而确定雷达的位置一般需要两台以上侦察设备在不同位置对雷达进行测向或测时间差,单站定位难度较大。

1.3.3　雷达侦察设备的技术指标

1. 总体性能指标

1) 作战使命

雷达侦察系统的作战使命是该系统的重要内容。作战使命包括该系统在战争中的用途、使用条件、功能、使用方法、在战斗中要完成的任务等。

2) 系统的总体组成

系统的总体组成指系统各主要功能部分的组成。

3) 系统的功能

系统的功能指整个系统的功能和各分系统的主要功能。

4) 对系统的使用要求

对系统的使用要求包括系统使用时的配套组成、系统使用的服务要求、对系统操作的要求等。

2. 主要战术和技术指标

雷达侦察系统的性能是由它的战术和技术指标来衡量的。主要的指标如下:

1) 侦察频段、瞬时带宽、测频精度和频率分辨率

侦察频段应覆盖雷达整个的工作频率范围。目前,电子对抗支援侦察的频段为 $0.5\sim18\mathrm{GHz}$,重点在 $8\sim18\mathrm{GHz}$;电子情报侦察的频段应为 $0.3\sim40\mathrm{GHz}$,将来频率上限应达到 $100\mathrm{GHz}$。

当采用搜索法测频时,瞬时带宽可以做得很窄,通常为几兆赫至几百兆赫,其搜索范围为侦察频段;当采用非搜索法测频时,瞬时带宽即为侦察频段。

测频精度与测频接收机的性能(包括本机振荡器的频率稳定度等)和雷达信号的多普勒频率有关。

频率分辨率主要与测频接收机的性能(瞬时带宽或量化单元宽度等)有关,此外还与信号噪声比有关。

2) 测角范围、瞬时视野、测角精度和角度分辨率

在方位角上,测角范围通常要达到 $360°$,而仰角上的测角范围视侦察系统的用途而定。一般搜索式侦察系统仰角采用宽波束、方位角采用窄波束做方位上的圆周搜索,瞬时视野窄。若采用全向天线,则瞬时视野与测角范围一致。

测角精度由侦察系统的波束宽度、系统内噪声以及信道间的匹配程度决定,而角度分辨率除与上述因素有关外,还与雷达天线波束宽度、信号强度有关。测角精度影响无源定位精度及软、硬打击武器的引导精度。角分辨率则影响信号流的分选和稀释。

3) 侦察作用距离、系统灵敏度和动态范围

侦察作用距离是指侦察系统探测雷达信号的最大作用距离,它不仅与侦察系统的灵敏度有关,还与雷达有效辐射功率有关,有时还受到直视距离的限制以及大气衰减、多径效应的影响。

对雷达的定位距离是指测得雷达至侦察机之间的距离,定位精度主要由测角精度和测时差精度决定,雷达相对于侦察机的位置对定位精度也有一定的影响。

侦察机系统灵敏度是指加到侦察机天线处的门限功率,而接收机的灵敏度则是加到接收机输入端的门限功率。后者只与接收机的噪声特性、检波前增益等因素有关,而前者除与接收机上述特性有关以外,还与侦察天线增益及馈线系统的损耗有关。

接收机的动态范围有饱和动态范围和瞬时动态范围之分。饱和动态范围描述接收机正常工作所允许的输入功率变化范围。由于侦察机要能接收和处理同时到达信号,然而强信号产生的寄生信号往往会掩盖弱信号或者使参数测量的精度降低,因此,采用瞬时动态范围这一指标来限制寄生信号的电平。瞬时动态范围亦称作无寄生动态范围。

4)截获概率和截获时间

"截获"的概念有"前端"和"系统"之分,与其相对应的有前端截获概率和截获时间及系统截获概率和截获时间。系统截获概率和截获时间是侦察系统获取雷达信号信息能力的概括。

5)虚警概率和虚警时间

电子侦察系统的虚警有两种:一种是无外界信号时,接收机内部噪声电平超过门限电压而造成的虚警,称为内部噪声引起的虚警,其概率称作虚警概率,两次虚警之间的时间间隔称为虚警时间;另一种是在密集信号环境下,除了对指定威胁信号的告警,而且还存在其他辐射源的信号造成的告警错误。

6)信号调制参数的测量范围与精度

信号调制参数的测量范围与精度即脉宽、脉冲重复间隔、脉幅、线性调频信号的调频斜率和频谱宽度、相位编码信号的结构和位数等。

7)雷达天线特性分析能力

雷达天线特性包括极化、主波束宽度和扫描特性。对波束和扫描特性进行分析的基础是对信号幅度的测量。天线扫描特性包括扫描方式、波束运动速度和扫描周期(对周期性扫描而言)。

1.4 雷达侦察信号分析处理

在了解电子侦察基本概念、雷达信号基本特点和雷达侦察截获系统的基础上,可以关注雷达辐射源信号分析与处理。本节主要对雷达辐射源信号分析与处理,尤其是脉内信号分析与处理的基本内涵、发展现状进行介绍。

1.4.1 主要问题

由于雷达等电子信号广泛地应用于各种武器平台上,因此长期以来雷达对抗在电子战中占据着主导地位[1-4]。作为电子对抗的一种主要形式,雷达对抗以雷达为主要作战对象,通过专门的电子设备和器材侦察获取敌方雷达、携带雷达的武器平台和雷达制导武器系统的技术参数及装备部署情报,利用电子干扰、电子欺骗和电子攻击破坏、削弱敌方雷达的作战效能[5,6]。雷达对抗通常包括雷达侦察、雷达干扰和雷达攻击,其中雷达侦察是雷达干扰和雷达攻击的基础,主要通过对敌方雷达辐射源进行截获、分选、识别和定位,为有效地组织军事对抗措施提供及时可靠的战场信息和情报,因而雷达侦察所获取敌方情报的多少和情报的可靠程度往往会影响作战计划的制定,甚至关系到整个战争的胜负。雷达辐射源信号识别是雷达电子侦察中的关键环节,直接影响着电子侦察设备性能的发挥并关系到后续的作战决策,它既是侦察系统信号处理的目的,又是判断敌方武器威胁情况的重要依据,在雷达电子对抗过程中具有十分重要的地位和作用[5]。

雷达辐射源信号识别是从复杂的电磁环境中发现雷达信号,通过分析所截获的雷达信号,从中得到雷达的工作参数和特征参数,然后利用这些参数推断该雷达的体制、用途、型号和部署地点等信息,进而掌握相关武器系统及其工作状态、制导方式,了解其战术运用特点、活动规律和作战能力的过程[6],它是实施雷达电子对抗的前提和基础,其识别水平是衡量雷达对抗设备技术先进程度的重要标志。当前,雷达辐射源信号识别面临着严峻的挑战,主要体现在以下几方面。

(1)雷达本身技术水平的提高给雷达信号侦察系统带来了巨大的困难。为了提高雷达自身的识别、隐身和抗干扰等方面的能力,一些特殊体制和新的复杂体制雷达不断投入使用,如单脉冲雷达、脉冲多普勒雷达、脉冲压缩雷达、频率捷变雷达、相控阵雷达、超视距雷达、合成孔径雷达等。据统计,到20世纪末,俄罗斯和西方国家新体制雷达的增长速度高达90%。由于采用了频率捷变、线性调频、非线性调频、相位编码等新的信号形式,使得现代雷达信号具有形式复杂、参数多变、变化规律复杂等特点[7]。

(2)由于雷达侦察装备在现代战争中的广泛应用,信号的频率覆盖范围不断变宽,导致电磁信号环境高度密集,出于反侦察、抗干扰的需要,雷达波形日益复杂,载频、脉冲宽度与脉冲重复间隔可以在数秒、数十毫秒内同时捷变,信号源在频域和时域上都存在一定程度的密集和重叠。复杂的电磁环境对雷达辐射源识别技术提出了更高的要求。

(3)雷达辐射源信号中普遍存在噪声,且信噪比变化范围比较大,很难保证信号特征参数的测量精度,从而增加信号识别的难度,降低识别的准确性。

(4)现代信息化战争对雷达辐射源识别自动化和智能化提出了更高的要求[8,9]。传统基于人工判决和模板匹配的辐射源识别方法已不能适应瞬息万变的战场环境,对此需要深入研究人工智能技术,实现信号的自动识别。

传统的雷达信号识别方法主要基于信号载频(RF)、脉冲宽度(PW)、脉冲幅度(PA)、到达时间(TOA)和到达角(DOA)5种参数构成的特征矢量,通过与雷达辐射源信号数据库中的相应特征参数进行匹配识别出雷达辐射源的属性[10,11],是现役电子支援侦察系统中使用较多的一类方法。当信号脉冲流密度不高,信号形式为常规雷达辐射源信号时,特征参数匹配法是比较有效的。随着电磁环境的信号密度日趋密集和雷达体制的多样化,脉间常规参数空间严重交叠、分布形式复杂、类边界模糊,从而导致基于5种常规参数的识别能力有限,可靠性不高。在多种复杂体制雷达并存的情况下,脉内分析是一种有望提高信号识别性能的有效途径。对雷达信号的脉内分析主要包括:自动识别敌方雷达信号的调制方式、精确估计它的调制参数(载频、脉宽、到达时间、调制斜率、码速率和码元序列等)以及瞬时频率等。由于接收机硬件技术的不断发展,使得人们深入研究雷达信号脉内特征[12,13]成为可能。图1-1为雷达侦察信号分析处理流程图,电子侦察接收机首先截获来自各个武器平台上的雷达信号,并测量其参数,进而将这些参数编码成数字形式的脉冲描述字(PDW)用以表征每个被截获的脉冲信号;然后对辐射源信号进行分选预处理,从交错的脉冲流中分离出来自同一辐射源的脉冲信号序列;接着对信号进行特征提取,并依据信号特征按照一定的识别准则完成雷达辐射源的识别；最后将结果提交记录、显示等设备，以便指挥人员做出合理的战场态势分析和决策。

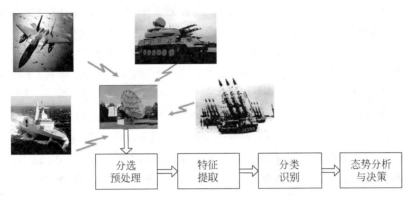

图 1-1　雷达侦察信号分析处理流程

雷达辐射源信号分析、处理与识别一直是电子对抗领域中重要而困难的研究课题，其相关理论的研究始于 20 世纪 70 年代[13]，我国电子对抗人员在 20 世纪 80 年代初开始研究雷达辐射源信号模式识别技术，经过 30 多年的发展，雷达辐射源识别特征分析技术取得了很大进展。现有的电子侦察系统主要采用基于 5 种常规参数的模板匹配方法实现信号的分类识别。随着军事技术的不断发展，新体制雷达层出不穷，雷达信号形式日益复杂，复杂体制雷达辐射源迅速增加并逐渐占据主导地位，传统的基于 5 种特征参数的识别方法的可靠性急剧下降，已很难适应现代战争的需求。同时在复杂的电磁环境中，雷达信号在传播和接收处理过程中不可避免地要受到各种噪声的干扰，大量噪声的存在会增加信号识别的难度，降低识别的准确性。雷达辐射源信号新特征的提取，尤其是低信噪比下复杂体制雷达信号脉内特征的提取已经成为电子对抗领域中亟待解决的关键问题。本节从电子信号的截获技术、常规特征、脉内特征分析 3 个方面介绍了雷达辐射源特征研究现状。

1.4.2　雷达信号截获技术

国外对雷达信号截获接收机研究较多，如美国 TNO-FEL 研制了数字多通道 ESM 接收机，采用了以数字滤波和 FFT 技术为基础的多通道接收机前端，以及接收机数据流的先进处理算法。新加坡的 Peng Ghee Ong 等人设计了以数字去斜和 FFT 技术为基础的多通道截获接收机[14]，并对海用导航 LPI 雷达 PILOT 系统产生的 LPI 信号成功地进行了截获实验。

澳大利亚特尼克斯(Tenix)防御系统公司研制的高灵敏度微波接收机(HSMR)[15]，能搭载于飞机、船只、潜艇、车辆等平台上，可单独使用，也可与现有的侦察系统配合使用。HSMR 系统设计用于检测 LPI 雷达信号，因其具有较高的灵敏度，能够提供早期预警，拥有 2GHz 的瞬时带宽和 0.5～18GHz 的工作带宽。

Vigile-300 是泰勒斯公司开发的新一代截获 LPI 信号的宽带数字接收机，具有良好的雷达信号细微特征分析能力和电子情报侦察能力，能检测到同时到达的信号，并具有两种工作模式：高灵敏度搜索模式(针对线性调频连续波信号和伪码调相连续波信号)和电子保障模式。该接收机能对截获到的信号进行精确的参数测量(频率、相位、幅度)。泰勒斯公司声称该系统使用的是其开发的第四代宽带数字接收机,使用超外差技术对射频信号进行下变频,超外差模块将信号输入数字接收机分别在时域和频域进行数字化处理。与传统的宽带系统相比,该接收机灵敏度有 20dB 的提升,具有检测 LPI 雷达信号的能力。在对雷达信号细微特征进行分析时,包括了脉内和脉间分析,脉内分析显示了脉冲幅度、相位等调制信息,脉间分析给出了 PRI 参数、频率捷变参数、跳频相位以及天线扫描特征等。

以色列 Elisra 防御系统公司开发的 NS-9003A-V2/9005A-V2 舰载电子战设备对 0.3~18GHz 雷达信号具有全方位 100% 截获概率。

电子对抗系统已由人工操作的系统发展成为由计算机管理的自动化系统,不但具有自适应能力,而且具有决策能力,在复杂的电子对抗斗争中,自动选取最佳策略。采用数字化、信道化、声光、压缩等新接收技术和多波束、相控阵、宽带功率合成等发射技术,使电子对抗系统在未来的复杂作战环境中能够实现及时截获和快速反应,积木化、模块化和一体化的设计思想将广泛应用于电子对抗系统的研制,使系统依靠先进的硬件和丰富的软件,能够应付复杂多变的电子对抗斗争环境。

1.4.3 信号常规特征参数

基于常规参数的雷达辐射源信号识别方法主要通过测量所截获信号的 RF、PW、PA、TOA 以及 DOA 这 5 种参数,将这些参数与雷达信号数据库中的相应特征参数模板进行匹配,通过一定的判决规则识别该辐射源信号。早期的雷达体制单一、频域覆盖范围小、信号波形较为简单且参数相对稳定,同时辐射源数量少,因而基于常规参数的模板匹配方法能有效地识别出辐射源信号。常规参数模板匹配法的优点是识别速度快、实现简单,但其识别效果取决于数据的容量和质量,对于数据库中没有的雷达型号则往往会产生错判、漏判的现象,对先验知识的依赖性较强,缺少推理,灵活性差,特别是对于参数不全、参数畸变及许多新体制和新用途的雷达无能为力,不能适应日益复杂电磁信号环境的需求。对于复杂体制雷达辐射源信号识别,基于常规参数方法主要存在以下几方面的问题。

(1) 随着军事技术的不断发展,为了使得雷达具有良好的抗干扰、低截获和高探测性能,雷达信号普遍采用线性调频、相位编码、频率分集和频率捷变等复杂的脉内调制方式和脉冲压缩发射体制。由于常规参数匹配法所采用的参数均为外部特征参数,没有考虑雷达辐射源信号的脉内调制特性,因而不能体现出信号的本质特征。

(2) 5 种常规参数的测量是在基带上进行或是取其平均值,若在基带上进行参数测量,必然会丢失信号的相位信息;若测量平均值,则无法利用信号的二阶或二阶以上的统计特征。因而常规参数只能获取有限的信号信息,不能满足复杂体制辐射源信号的识别要求。

(3) 由于杂波和噪声干扰,使得直接测量参数的容差区间增大,参数匹配的容差难以有效确定,从而有可能造成信号的错误识别。

(4) 在现代战争中电子装备得到广泛应用,许多作战飞机、舰艇、坦克等作战单位都配有一定数量的雷达,致使电磁信号环境高度密集。同时雷达的工作频率也由 20 世纪 80 年代的 2~18GHz 发展到 20 世纪 90 年代的 0.5~40GHz,到了 21 世纪,雷达的工作频率覆盖范围进一步扩展到 0.05~140GHz。电磁信号的覆盖范围不断变宽,使得信号分选的错误概率增加,脉冲序列去交错后同一序列中包含与该序列不同类别信号的概率增加,导致不同类别信号在常规参数特征空间严重交叠。此时采用常规参数对信号进行识别将会产生较大的误识别率,甚至可能完全失效。

综上所述,在具有信号高度密集、信号形式复杂多变和频率覆盖范围宽等特点的电子对抗信号环境中,基于常规参数方法难以取得令人满意的识别效果,针对复杂体制雷达辐射源信号识别,必须深入信号脉冲内部进行研究,探索新的信号特征参数,以适应现代战争的需求。

1.4.4 信号脉内特征

作为一种新兴的辐射源识别方法,雷达辐射源信号脉内调制特征分析技术发展极其迅速,国内外众多学者都予以了极大关注,做出了一些有益的探索。常见的脉内特征提取方法主要有时域分析法[16]、频域分析法、调制域分析法[17]、谱相关法和时频域分析法[18-23]等。这些方法都是遵循着通过对采样信号的某种变换,使信号之间特征区分明显,从而达到信号分类识别的目的,因此是相互渗透、相互关联的。比较有代表性的特征提取方法是从辐射源信号的脉冲内提取一些特征,如脉冲的上升时间、下降时间、爬行时间、上升角度、下降角度和回归线,实验结果表明这些特征组成的特征向量能获得比基本的三参数(RF、PRI 和PW)构成的特征向量更好的识别效果[11];文献[22]利用 8 阶矩和 8 阶累积量进行识别,可在低信噪比条件下取得好的识别率,但随着累积量和矩的阶数的增大其计算量也比较大;文献[23]提出了基于瞬时频率二次特征提取的雷达辐射源信号分类方法,但受到瞬时频率估计方法的局限,该方法对信噪比要求也比较高;张葛祥等先后提出的小波包特征[24]、相像系数特征[25]、复杂度特征[26]、分形盒维数和信息维数[27]以及熵特征[28],对雷达辐射源信号的脉内特征进行了深入研究;文献[29]利用模糊函数切片和局部模糊函数切片表征雷达的细微差异与个体特征。

小波变换基于时频分解的思想得到能体现不同信号差异的本质特征,将各种交织在一起的混合信号成分分解成不同频率的块信号,得到不同分解水平下的细节信息,这些信息对不同类别的信号来说是有差别的,因而基于小波变换的特征提取方法能有效识别出多种雷达辐射源信号[30-35]。Lopéz 提出了基于自动分解的雷达信号截获和波形识别方法,采用线调小波库来提取截获信号的特征[30],得到了具有较高的时频分辨率的识别特征;柳征通过小波包变换来提取雷达信号的特征[31],对无意调制的同类型辐射源信号的个体体征做了初步的探索;Prakasam 利用小波系数的统计直方图作为特征对信号进行识别,能够在信噪比为 5dB 的条件下达到较好的识别率,但该方法主要针对通信信号[32];文献[33]基于小波包分解,采用能量熵和概率熵构成特征向量,在较大信噪比范围内获得了较为满意的正确识别率,但该方法只能在中等强度以上的噪声环境下取得较好的识别效果,在信噪比较低(SNR<5dB)的情况下,许多信号的识别效果就不是很理想了。

时频分析反映了信号的时变规律,在雷达信号处理中得到了广泛的应用。阎向东等采用时频综合分析法对相位编码和线性调频雷达辐射源信号进行了特征分析[34];Kumart 等人将 Wigner-Ville 分布(WVD)用于对雷达回波的分类[35];Moraitakis 通过时频分析的方法提取线性和双曲线调制 Chirp 信号的脉内调制特征[36];Milne 利用 Wigner-Ville 分布和正交镜像滤波器(QMF)对调频连续波(FMCW)和 P4 码雷达信号进行识别,在中等信噪比条件下具有较佳的识别性能[37];Christophe 运用时频分析方法对 FM 信号进行估计和分类[38];Gustav 基于时频分析方法,提出了一种的具有脉内特征分析能力的数字信道化接收机方案[39-42]；朱明提出一种雷达辐射源信号时频原子特征分析方法,构建了辐射源信号分解的过完备原子库,对信号进行时频原子分解,得到表征信号特征信息的最匹配时频原子特征[41]；以上方法主要运用时频分析方法对信号特征进行了定性分析,实现了少数几种信号的分类识别,对信号的脉内特征做了初步的探索。

不同调制方式的雷达信号时频分布差异度比较大,一些形状差异人眼可以很容易地区分出来,但要实现自动分类识别,就需要进一步提取信号的时频特征。采用数字图像处理技术对雷达信号的时频图像进行分析研究,为雷达辐射源识别提供了新的视角,具有重要的理论研究意义。文献[42]针对低截获概率雷达信号分类,首先采用 Wigner-Ville 变换得到信号的时频图,然后对其进行图像处理并提取特征,但实验结果表明该方法的识别效果不是很理想,主要由于 Wigner-Ville 分布的交叉项严重影响了信号的特征提取,另外该文献中所采用的图像处理方法没能有效降低时频图像噪声的影响；文献[43]采用主成分分析方法提取雷达信号时频图像的特征,在信噪比较低(SNR<6dB)的条件下,许多信号的识别效果就不是很理想了；Lundén 研究了基于 Choi-Williams 时频分布的特征提取方法的多相编码雷达波形分类方法,将雷达辐射源信号的时频分布看作灰度图像,采用图像处理技术对其进行处理,实现对信号的分类识别[44]；张国柱采用基于最大熵的图像分割法得到信号时频分布图的边缘,然后结合改进的 Hough 变换算法和奇异值分解获取信号时频分布的图像特征；文献[45]将雷达信号的时频图像转化为灰度图,直接把归一化后的像素点作为识别特征,取得了较好的识别效果,但由于文中直接将像素点作为特征,特征维较大,容易造成“维数灾难”,且文中仅对 5 种雷达辐射源信号进行了分类识别,对于更多类型信号的有效性还有待于进一步验证。

经过多年的发展,雷达辐射源信号特征提取方面取得了很大进展,但仍存在许多问题,现有的特征提取方法具有很强的针对性,主要针对少数几种雷达辐射源信号而提出的,对于其他类别的雷达信号,其有效性还有待进一步验证；较少考虑同类型不同参数的信号识别问题,对于多相编码类信号特征的研究也比较欠缺；更为重要的是,这些方法较少考虑噪声的影响和信噪比变化情况下的识别问题,实际上雷达信号在传播和接收过程中不可避免地会受大量噪声干扰。

1.5　本书的主要内容和架构

本书主要针对复杂电子信号辐射源的分析和处理,研究对雷达侦察信号的脉内、特征的提取与识别方法,为复杂调制 LPI 信号的分析处理提供参考。本书的主要内容和组织架构如下。

第 1 章主要介绍电子情报和电子信号分析与处理的基本概念、基本内涵和发展现状,是本书内容的起始。

第 2 章主要讨论 3 个问题,一是电子侦察的作用距离,即能在多远的距离上发现目标,评估目标的信号质量如何；二是进一步给出 LPI 雷达基本概念；三是分析雷达设计者在设计雷达信号时需要考虑的一些约束条件,可以作为信号分析的参考,也可以作为推断雷达性能的依据之一。

第 3 章主要是从正向雷达的角度,介绍常见的一些 LPI 雷达波形设计以及脉冲重复间隔的变化规律。本章的内容是进行逆向的雷达侦察信号分析的基础和先验。

　　第4章主要介绍本书在进行雷达信号分析处理过程中采用的一些数学方法和工具,这些数学方法主要包括时频分析工具、高阶累积量工具、蒙特卡罗马尔科夫链(MCMC)方法以及支持向量机方法。

　　第5章重点讨论 LPI 雷达信号的检测问题,利用多相滤波器组对观测信号进行信道化,针对每个子信道,综合利用峰值功率检测、长时间非相干积累检测、频域检测、RAT 检测等多种方法并行处理方法。

　　第6章主要讨论参数的精确分析和提取算法,主要包括对线性调频信号、相位编码信号、伪码-线性调频复合信号、FSK/PSK 复合信号以及辐射源信号的瞬时频率估计方法。

　　第7章主要讨论在信号时频分布的基础上,提取时频分布 Rényi 熵、图像的形状特征、纹理特征等作为信号的识别特征,实现雷达辐射源信号的精确识别分类。

　　第8章主要基于高阶累积量,讨论对角积分双谱、循环双谱作为辐射源识别的依据,进行雷达辐射源识别。

参考文献

[1]　林象平.雷达对抗原理[M].西安:西北电讯工程学院出版社,1985.

[2]　Lighart V A,Logvin A I. A survey of radar ECM and ECCM[J]. IEEE Transactions on Aerospace and Electronic Systems. 1995,31(3):1110-1120.

[3]　赵国庆.雷达对抗原理[M].西安:西安电子科技大学出版社,2001.

[4]　Richard G W. Electronic Intelligence:The Analysis of Radar Signals[M],2nd ed.,Norwood,MA:Artech House Inc.,1993.

[5]　Vaccaro D D. Electronic warfare receiver systems[M]. Norwood,MA:Artech House,Inc.,1993.

[6]　张国柱.雷达辐射源识别技术研究[D].长沙:国防科学技术大学,2005.

[7]　Elbirt A J. Information warfare:are you at risk[J]. IEEE Technology and Society Magazine. 2003,22(4):13-19.

[8]　关欣,何友,衣晓.基于灰关联分析的雷达辐射源识别方法研究[J].系统仿真学报,2004,16(11):2601-2603.

[9]　Granger E,Rubin M A,Grossberg S,et al. A what and where fusion neural network for recognition and track [J]. Neural Networks,2001,14(3):325-344.

[10]　Richard G Wiley. Electronic Intelligence:The Interception and Analysis of Radar Signals[M]. 1st ed. Norwood,MA:Artech House,2006.

[11]　Kawalec A,Owczarek R. Radar emitter recognition using intrapulse data[C]. 15th International Conference on Microwaves,Radar and Wireless Communications,Warsaw,Poland,2004,2:435-438.

[12]　张贤达.非平稳信号处理[M].北京:国防工业出版社,1998.

[13]　Therrien C W. Application of feature extraction to radar signature classification[C]. Proceedings of the 2th International Pattern Recognition Symposium. 1974,125-132.

[14]　Peng Ghee Ong,Haw Kiad Teng. Digital LPI Radar Detector[D]. Naval Postgraduate School Monterey,California,2001.

[15]　Aytug Denk. Detection and Jamming Low Probability of Intercept (LPI) Radars [D]. Naval Postgraduate School Monterey,California,2006.

[16]　刘爱霞,赵国庆.一种新的雷达信号识别方法[J].航天电子对抗,2003,1:14-16.

[17]　Roome S J. Classification of radar signals in modulation domain[J]. Electronics Letters. 1992,28

(8)：704-705.

[18] 赵拥军,黄洁.雷达信号细微特征时频分析法[J].现代雷达,2003,(12)：26-28.

[19] Thayaparan T,Stankovic L,Amin M,Chen V,Cohen L,Boashash B. Time-frequency approach to radar detection,imaging,and classification[J]. IET Signal Processing,2010,4(4)：325-328.

[20] Du Plessis Marthinus C,Olivier Jan C. Radar transmitter classification using a non-stationary signal classifier[C]. Proceedings of the 2009 International Conference on Wavelet Analysis and Pattern Recognition,12-15 July 2009：482-485.

[21] 司锡才,柴娟芳.基于FRFT的α域-包络曲线的雷达信号特征提取及自动分类[J].电子与信息学报,2009,31(8)：1892-1897.

[22] Ataollah Abrahamzadeh,Seyed Alireza Seyedin,Mehdi Dehghan. Digital Signal Type Identification Using an Efficient Identifier[J]. EURASIP Journal on Advances in Signal Processing,2007,1-9.

[23] 普运伟,金炜东,胡来招.基于瞬时频率二次特征提取的辐射源信号分类[J].西南交通大学学报,2007,42(3)：373-379.

[24] ZHANG G X,JIN W D,HU L Z. Application of Wavelet Packet Transform to Signal Recognition [C]. Proceedings of International Conference on Intelligent Mechatronics and Automation. 2004：542-547.

[25] ZHANG G X,RONG H N,JIN W D,et al. Radar emitter Signal recognition based on resemblance coefficient features[J],Lecture Notes in Artificial Intelligence,2004,3066,665-670.

[26] ZHANG G X,JIN W D,HU L Z. Radar Emitter Signal Recognition Based on Complexity Feature [J]. J. of Southwest Jiaotong Univ. ,2004,12(2)：116-122.

[27] 张葛祥,胡来招,金炜东.雷达辐射源信号脉内特征分析[J].红外与毫米波学报.2004,23(6)：477-480.

[28] 张葛祥,胡来招,金炜东.基于熵特征的雷达辐射源信号识别[J].电波科学学报,2005,20(4)：440-445.

[29] 李林,姬红兵.基于模糊函数的雷达辐射源个体识别[J].电子与信息学报,2009,31(11)：2546-2551.

[30] Lopéz-Risueno G,Grajal J,Yeste-Ojeda O. Atomic decomposition-based radar complex signal interception[J]. Proc. Inst. Elect. Eng. ,Radar,Sonar,Navig. ,2003,150(4)：323-331.

[31] 柳征.基于小波包变换的雷达辐射源信号识别[J].信号处理,2005,21(5)：460-463.

[32] Prakasam P,Madheswaran M. Digital Modulation Identification Model Using Wavelet Transform and Statistical Parameters[J]. Journal of Computer Systems,Networks and Communications,2008：1-8.

[33] 余志斌,陈春霞,金炜东.基于融合熵特征的辐射源信号识别[J].现代雷达,2010,32(1)：34-38.

[34] 阎向东,张庆荣,林象平.脉压信号脉内调制特征提取[J].电子对抗,1991,4：23-32.

[35] Kumar P K,Prabhu K M M. Classification of radar returns using Wigner-Ville distribution[C]. Proceedings of International Conference on Acoustics,Speech,and Signal Processing. 1996,6：3105-3108.

[36] Moraitakis I,Fargues M P. Feature extraction of intra-pulse modulated signals using time-frequency analysis[C]. Proceedings of 21st Century Military Communications Conference,2000：737-741.

[37] Milne P R,Pace P E. Wigner distribution and analysis of FMCW and P-4 polyphase LPI waveforms [C]. 2002 IEEE International Conference on Acoustics,Speech and Signal Processing(ICASSP'02),Orlando,EL,2002,39(4)：44-47.

[38] Christophe De Luigi,Claude Jauffret. Estimation and Classification of FM Signals using Time-Frequency Transforms[J]. IEEE Trans. Aerospace and Electronic Systems,2005,41(2)：421-437.

[39] Gustavo L R,Jesus G,Alvora S O. Digital Channelized Receiver Based on Time-Frequency Analysis

for Signal Interception[J]. IEEE Trans. Aerospace and Electronic Systems,2005,41(3)：879-898.

[40] Gustavo L R,Jesus G. Multiple Signal Detection and Estimation using Atomic Decomposition and EM[J]. IEEE Trans. Aerospace and Electronic Systems,2006,42(1)：84-102.

[41] 朱明,金炜东,普运伟,等.基于 Chirplet 原子的雷达辐射源信号特征提取[J].红外与毫米波学报, 2007,26(4)：241-245.

[42] Christer Persson. Classification and analysis of low probability of intercept radar signals using image processing[D],Napval Post-graduate School,Monterey,California,2003：49-86.

[43] Gulum T O. Autonomous non-linear classification of LPI radar signal modulation[D]. Monterey, California,Naval Postgraduate School,2007：55-59.

[44] Lundén J,Koivunen V. Automatic radar waveform recognition[J]. IEEE Transactions on Signal Processing,2007,45(2)：316-327.

[45] 邹兴文,张葛祥,李明.一种雷达辐射源信号分类新方法[J].数据采集与处理,2009,24(4)： 487-493.

第2章

电子侦察作用距离与参数限制

2.1　本章引言

在进行电子侦察信号分析与情报处理之前,需要对电子侦察的单程距离优势以及雷达信号设计中需要考虑的约束条件进行分析。本章主要从电子侦察方程、低截获概率雷达(LPI)概念以及雷达设计限制条件 3 个方面进行介绍,目的是帮助读者理解电子侦察的单程距离相对于雷达双程距离的优势、LPI 雷达的基本概念,以及雷达设计者在雷达功能与信号选择方面的主要约束条件。

2.2　电子侦察作用距离

电子侦察接收机为了截获雷达信号必须满足 4 个基本条件: ①天线波束对准雷达信号入射方向,②接收机通频带对准雷达信号载频,③天线极化形式要适合雷达信号极化形式,④接收到的雷达信号强度要大于接收机的灵敏度。如果侦察接收机采用圆极化或倾斜线极化天线,那么,对于目前大多数极化形式的雷达信号能接收到一半信号能量。因此,影响接收到的雷达信号强度的最主要因素是雷达与侦察接收机之间的距离。所谓侦察作用距离,是指侦察接收机能够在多远的距离上接收到雷达信号,它是侦察接收机的一项重要指标,侦察作用距离越远,越能较早地发现雷达信号,预警时间越长,就越能赢得战斗的主动权。

2.2.1　简单侦察方程

所谓简单侦察方程,是指在自由空间中,忽略大气衰减、地面海平面反射、雷达和侦察接收机系统损耗等因素的影响,而得到的侦察作用距离的方程。

侦察接收机与雷达的空间位置如图 2-1 所示。设雷达发射机的功率为 P_t,雷达发射天线最大增益 G_t,雷达与侦察接收机之间的距离为 R_i,侦察接收机天线增益为 G_i,接收机灵敏度为 P_{rmin}。

于是在侦察接收机处雷达信号的功率密度为

$$S = \frac{P_t G_t}{4\pi R_i^2}$$

(2-1)

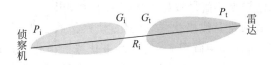

图 2-1　侦察接收机与雷达空间位置

若侦察天线的有效接收面积定为 A_i，则侦察天线接收的雷达信号功率为

$$P_i = \frac{P_t G_t A_i}{4\pi R_i^2} \tag{2-2}$$

根据天线理论，天线的有效面积 A_i 与天线最大增益之间的关系为

$$A_i = \frac{G_i \lambda^2}{4\pi} \tag{2-3}$$

式中，λ 是雷达信号的波长。将式(2-3)代入式(2-2)，得：

$$P_i = \frac{P_t G_t G_i \lambda^2}{(4\pi R_i)^2} \tag{2-4}$$

接收到的雷达信号功率 P_i 与 R_i^2 成反比，随着 R_i 的增大 P_i 迅速减小。若 R_i 大于 R_{imax}，则接收机将不能探测到雷达信号的到来，此时 R_{imax} 称为侦察作用距离。超出这个距离，侦察接收机不能发现雷达信号，即：

$$P_{imin} = \frac{P_t G_t G_i \lambda^2}{(4\pi R_{imax})^2} \tag{2-5}$$

$$R_{imax} = \sqrt{\frac{P_t G_t G_i \lambda^2}{(4\pi)^2 P_{imin}}} \tag{2-6}$$

简单侦察方程式(2-6)确定了侦察作用距离与雷达参数、侦察接收机参数之间的关系，即侦察作用距离与雷达等效辐射功率 $P_t G_t$ 的平方根成正比，与侦察接收机的等效灵敏度 P_{imin}/G_i 的平方根成反比(等效灵敏度 P_{imin}/G_i 越高，它的数值越小)。

2.2.2　系统损耗和损失

所谓系统损耗和损失，是指雷达和侦察接收机中系统的因素对侦察作用距离的影响。

雷达的系统损耗或损失有两种：

(1) 雷达发射系统馈线的损耗 $L_1 \approx 3.5\text{dB}$。

(2) 雷达发射天线波束非矩形引起的损失 $L_2 \approx 1.6 \sim 2\text{dB}$。

在侦察方程中，认为雷达以波束最大增益对准侦察接收机，但实际上雷达天线通常处于扫描状态，侦察接收机接收到的雷达信号要受到雷达天线波束形状的调制，信号的平均能量要比理想的小。通常假定雷达天线的方向图是高斯形，根据计算，波束形状引起的信号能量损失 $L_2 \approx 1.6 \sim 2\text{dB}$。

侦察接收机的系统损耗或损失有 3 种：

(1) 侦察接收机馈线系统的损耗 $L_3 \approx 3\text{dB}$。

(2) 侦察接收机天线波束非矩形引起的损失 $L_4 \approx 1.6 \sim 2\text{dB}$。

(3) 侦察天线波束增益在侦察频带内变化引起的损失 $L_5 \approx 2 \sim 3\text{dB}$。

由于侦察接收机要在宽侦察频带内接收机雷达信号，天线增益在整个频带范围内的变化可达 $L_5 \approx 2 \sim 3\text{dB}$。

（4）侦察天线的极化与雷达信号极化失配损失 $L_6 \approx 3\mathrm{dB}$。

雷达信号的极化形式通常是线极化或圆极化，侦察接收机为了能接收各种不同极化形式的雷达信号，侦察天线通常采用倾斜 45° 的线性极化或圆极化。这样，对于常见极化形式的雷达信号，只有一部分能量被侦察天线接收，通常认为损失一半的信号功率，即极化失配损失 $L_6 \approx 3\mathrm{dB}$。

综上所综，从雷达发射管的输出口到侦察接收机放大器的输入口之间的损耗和损失总和为

$$L = \sum_{i=1}^{6} L_i \approx 15 \sim 17(\mathrm{dB})（相当于 32 \sim 50 倍）$$

这些损耗或损失使得进入侦察接收机的雷达信号能量下降至 $1/L$ 倍，从而使侦察作用距离 R_{imax} 下降，故而要在简单侦察方程式（2-6）中考虑损耗的影响，此时侦察方程为

$$R_{\mathrm{imax}} = \sqrt{\frac{P_t G_t G_i \lambda^2}{(4\pi)^2 P_{\mathrm{imin}} L}} \tag{2-7}$$

应该指出，上述各项损耗和损失只是一般性的估计，在进行具体计算时，要根据实际情况和条件来判断各项损耗或损失的大小，再计算总损耗和损失。

2.2.3 电波传播过程中各种因素对侦察作用距离的影响

1. 地球曲率对侦察作用距离的影响

雷达发射的微波频段信号是近似直线传播的，而地球表面是弯曲的，故侦察接收机与雷达之间的直视距离受到限制，如图 2-2 所示。

直视距离为

$$R_s = \overline{AB} + \overline{BC} \approx \sqrt{2R}(\sqrt{H_1} + \sqrt{H_2}) \tag{2-8}$$

由于大气层的介电常数随高度增加而下降，因而电磁波在大气层中将产生折射而向地面倾斜，折射的作用是增加了直视距离，如图 2-3 所示。

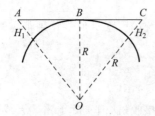

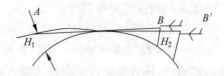

图 2-2 地球曲率对直视距离的影响　　图 2-3 电磁波折射对直视距离的影响

如果雷达信号的频率适合当时的天气情况，最极端的情况是电磁波传播的曲率和地球的曲率相同，此时雷达信号将平行于地面传播。但通常情况下折射的作用可用等效的、增大的地球半径 R_e 来表示，地球半径 R 为 6370km，而典型参数下地球等效半径 $R_e = 8500\mathrm{km}$，显然 $R_e > R$。

因此在考虑大气折射的影响下，侦察直视距离：

$$R_s \approx 4.1 \times (\sqrt{H_1} + \sqrt{H_2}) \tag{2-9}$$

式中，R_s 以 km 为单位，H_1、H_2 以 m 为单位。

由于雷达的高度 H_2 不是由侦察接收机规定的,只有通过提高侦察接收机的高度,才能保证有较大的直视侦察作用距离。

2. 大气衰减对侦察作用距离的影响

考虑到大气衰减时,侦察接收机接收的雷达信号功率 P'_r 与不计大气衰减时的信号功率 P_r 有如下关系:

$$L' = 10\log \frac{P_r}{P'_r} = \delta \times R \qquad (2\text{-}10)$$

式中,L' 代表大气损耗或衰减(dB),δ 是衰减系数(dB/Km),R 是雷达与侦察接收机之间的距离。

衰减系数 δ 主要与雷达信号的波长和天气情况有关。仅当波长短于 10cm 时,大气衰减的作用才比较明显。定性地说,电磁波的衰减系数 δ 随着降雨量(或能见度)的增加(或降低)以及雷达信号频率的增加而增加。

由于大气衰减 L',侦察作用距离将下降到 A_i,此时作用距离表示式为[1]

$$R'_{i\max} = \sqrt{\frac{P_t G_t G_i \lambda^2}{(4\pi)^2 P_{i\min} L}} \exp[-0.115\delta R'_{i\max}] \qquad (2\text{-}11)$$

即在原侦察作用距离 $R_{r\max}$ 的基础上要乘上一个衰减因子 $\exp[-0.0115\delta R'_{i\max}]$。例如中雨时,若雷达信号波长为 5cm,$\delta = 0.01$(dB/km),无大气衰减时,$R_{i\max}$ 为 600km,则此时的 $R'_{i\max}$ 降低为 400km。

3. 地面反射对侦察作用距离的影响

对米波或更长波长的雷达信号进行侦察时,必须考虑地面反射对侦察作用距离的影响。此时到达侦察接收机的雷达信号有两条路径:直射路径和反射路径,如图 2-4 所示。

对于米波和更长波长的雷达信号,地面反射系数可近似认为接近 100%,而到达侦察接收机的直射波和反射波由于路径不同,两个信号的相位差是

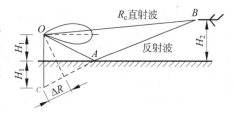

图 2-4 有地面反射时的电波传播

随仰角(或飞机的高度 H_2)而变化的。当相位差为零,即两个电波同相时,将得到幅度相加的合成信号;当相位差为 180°时,两个电波反相将得到幅度相减的合成信号。因此,侦察接收机接收到的信号将随着雷达的高度变化而增大或减小(假设雷达与侦察接收机之间的距离不变),使侦察作用距离 $R'_{i\max}$ 在 $(0\sim2)R_{i\max}$ 范围内变化。

2.3 LPI 雷达

雷达的低截获概率定义为:“在雷达探测到敌方目标的同时,使敌方截获到雷达信号的可能性最小。”为了衡量 LPI 雷达的性能,20 世纪 70 年代 Schleker 提出了截获因子 α 的概念:

$$\alpha = R_i/R_r \qquad (2\text{-}12)$$

式中,R_i 为侦察接收机能发现雷达辐射信号的最大距离;R_r 为雷达对目标的最大发现距离。两者距离关系如图 2-5 所示。

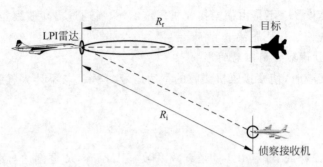

图 2-5　LPI 雷达与侦察接收机关系示意图

从截获因子 α 的定义可以看出，当 $\alpha > 1$ 时，表明侦察接收机可以判定雷达的存在而雷达不能探测到目标，雷达有被干扰和摧毁的危险；当 $\alpha < 1$ 时，表明雷达能发现目标而侦察接收机不能判定雷达的存在，这时雷达占优势，这种雷达称为 LPI 雷达或"寂静"雷达。α 越小，则雷达的反侦察性能就越好。这里的 R_i 及 R_r 都是在一定的发现概率和虚警概率下的距离，因此低截获也是一个概率事件，即 LPI 雷达对某种截获设备可能是低截获的，但对另一种截获设备则不一定是低截获的。

目前，绝大多数侦察接收机设计用于检测单个脉冲，第一步先是探测到雷达辐射信号，再对接收到的雷达信号进行分析、识别，进而引导干扰机或反辐射导弹（RAM）对雷达进行干扰或攻击。只要雷达的截获因子 $\alpha < 1$，敌方侦察接收机不能检测到雷达信号，从而使敌方干扰机无法进行有针对性的干扰，而若采用宽带干扰则必然降低其干扰功率谱密度，同时也会因干扰信号与雷达接收机的不匹配而使干扰效果大大降低。因此，从侦察接收机的工作原理及攻击模式可以看到，LPI 雷达具有极佳的抗干扰和反侦察能力。截获因子与多个因素有关，下面对与截获因子 α 有关的参数进行分析。

自由空间中雷达作用距离方程为（连续波方式）：

$$R_r = \left[\frac{P_{CW} G_t G_r \lambda^2 \sigma_T L_2}{(4\pi)^3 \delta_R L_{RT} L_{RR}} \right]^{1/4} \tag{2-13}$$

式中，R_r 为雷达最大作用距离，G_t 为目标方向雷达发射天线增益，G_r 为目标方向雷达接收天线增益，P_{CW} 为雷达发射功率，λ 为雷达工作波长，σ_T 为目标反射截面积，L_2 为双程大气传播衰减，$\delta_R = kT_0 F_R B_{Ri}(\text{SNR}_{Ri})$ 为接收机灵敏度，$k = 1.38 \times 10^{-23}$ J/K 为玻尔兹曼常数，$T_0 = 290\text{K}$ 为标准噪声温度，F_R 为接收机噪声系数，B_{Ri} 为接收机输入带宽，SNR_{Ri} 为雷达的最小可检测信噪比，L_{RT} 为从发射机到天线的雷达损耗，L_{RR} 为从天线到接收机的雷达损耗。

侦察接收机可截获雷达信号的最大自由空间距离为

$$R_i = \left[\frac{P_{CW} G_t' G_i L_1 \lambda^2}{(4\pi)^2 L_{RT} L_{IR} \delta_I} \right]^{1/2} \tag{2-14}$$

式中，P_{CW} 为雷达发射功率，G_t' 为雷达发射天线对准侦察接收机天线方向上的增益，G_i 为侦察接收机天线增益，λ 为雷达工作波长，L_1 为单程大气传输衰减，L_{RT} 为从发射机到天线的雷达损耗，L_{IR} 为从天线到接收机的侦察接收机损耗，$\delta_I = kT_0 F_I B_I(\text{SNR}_{Ii})$ 为侦察接收机的灵敏度，k 为玻尔兹曼常数，T_0 为标准噪声温度，F_I 为侦察接收机噪声系数，B_I 为接收机输入带宽，SNR_{Ii} 为侦察接收机最小可检测信噪比。

则截获因子 α 可表示为

$$\alpha = \frac{R_i}{R_r} = R_r \left[\frac{\delta_R}{\delta_I} \left(\frac{4\pi}{\sigma_T} \right) \frac{G_t' G_i L_1}{G_t G_r L_2} \right]^{1/2} \tag{2-15}$$

当 $\alpha = 1$ 时,得:

$$R_r = \left[\frac{\delta_I}{\delta_R} \left(\frac{\sigma_T}{4\pi} \right) \frac{G_t G_r L_2}{G_t' G_i L_1} \right]^{1/2} \tag{2-16}$$

式(2-16)给出了在不被侦察接收机截获的情况下雷达的最大安全探测距离。从式(2-16)可以看出,雷达的最大安全探测距离与目标反射截面积成正比,因此对于舰船目标,目标反射截面积大,雷达易实现低截获。而对于空中目标,目标反射截面积小,雷达则难以实现低截获。从式(2-16)还可以看出,雷达的最大安全探测距离与雷达接收机灵敏度成正比,与侦察接收机的灵敏度成反比。为进一步说明雷达最大安全探测距离与信号时间带宽积的关系,将侦察接收机灵敏度和雷达接收机灵敏度的表达式代入 δ_I/δ_R 中,得:

$$\delta = \frac{\delta_I}{\delta_R} = \frac{kT_0 B_I F_I}{kT_0 B_{Ri} F_R} \left(\frac{\mathrm{SNR}_{Ii}}{\mathrm{SNR}_{Ri}} \right) \tag{2-17}$$

雷达接收机信号处理增益为

$$PG_R = \frac{\mathrm{SNR}_{Ro}}{\mathrm{SNR}_{Ri}} \tag{2-18}$$

雷达接收机高的信号处理增益通过匹配滤波器获得,匹配滤波器输入信噪比为 $\mathrm{SNR}_{Ri} = P/(kT_0 FB)$,$P$ 为匹配滤波器的输入信号功率,k 为玻尔兹曼常数,T_0 为 290K,B 为信号带宽。雷达接收机最大的输出信噪比等于输入信号能量与噪声谱密度的比值,即 $\mathrm{SNR}_{Ro} = PT/(kT_0 F)$,$T$ 为信号持续时间,则信号处理增益为输出信噪比与输入信噪比的比率,即:

$$PG_R = \frac{\mathrm{SNR}_{Ro}}{\mathrm{SNR}_{Ri}} = \frac{P/(kT_0 FB)}{PT/(kT_0 F)} = BT \tag{2-19}$$

侦察接收机的信号处理增益为

$$PG_I = \frac{\mathrm{SNR}_{Io}}{\mathrm{SNR}_{Ii}} \tag{2-20}$$

侦察接收机采用非相干积累,且假设积累时间与雷达的匹配处理时间相同。接收机的输入带宽与信号匹配,则侦察接收机的信号处理增益可表示为

$$PG_I = (BT)^\gamma, \quad 0.5 \leqslant \gamma \leqslant 0.8 \tag{2-21}$$

所以式(2-17)可以改写为

$$\delta = \frac{\delta_I}{\delta_R} = \frac{F_I B_I}{F_R B_{Ri}} \left(\frac{\mathrm{SNR}_{Io}}{\mathrm{SNR}_{Ro}} \right) \left(\frac{PG_R}{PG_I} \right) \tag{2-22}$$

假设雷达接收机与侦察接收机的噪声系数相同,所需要的输出最高信噪比也相同,即 $F_I = F_R$,$\mathrm{SNR}_{Io} = \mathrm{SNR}_{Ro}$,则:

$$\delta \simeq \frac{B_I}{B_{Ri}} \left(\frac{PG_R}{PG_I} \right) \tag{2-23}$$

在雷达接收机灵敏度优势最小的情况下,即设 $B_I = B_{Ri}$,$PG_R/PG_I = (BT)^{1-\gamma}$,取 γ 值为 0.5,则雷达接收机所拥有的最小灵敏度优势为

$$\delta \simeq (BT)^{1/2} \tag{2-24}$$

因此,当目标反射截面积、各项损耗、大气衰减值不变时,式(2-16)可改写为

$$R_r = \eta (BT)^{1/4} \tag{2-25}$$

式中,η 为一恒定系数。从式(2-25)可以看出,在不改变发射信号能量的情况下,当雷达信

号设计为具有大的时间带宽积时,虽然雷达的最大探测距离不会改变,但可以有效提高雷达的最大安全探测距离,同时大的信号时宽带宽可以显著提升其速度和距离分辨率。表 2-1 给出了 LPI 雷达 PILOT Mk3 采用 FMCW 信号和单脉冲信号时,侦察接收机能够截获到该信号的最大距离对比。其中,PILOT 采用的 FMCW 信号持续时间为 1ms,功率从 1mW 到 1W 可调,带宽 55MHz,单脉冲信号脉宽 1μs,功率 1kW。所以当 PILOT 采用 1W 的功率发射信号时两种信号具有相同的发射能量,因此对于相同的目标,两种信号的最大探测距离相同,但单脉冲信号被侦察接收机截获到的距离远远大于 FMCW 信号。表 2-1 清晰地反映了雷达最大探测距离与侦察接收机的最大截获距离、目标反射截面积、接收机灵敏度以及信号峰值功率之间的关系。要想提高雷达的低截获性能,需要通过提高雷达接收机的灵敏度,降低发射功率以及增大信号的时间带宽积等多种技术手段来实现。

表 2-1　PILOT Mk3 探测距离与侦察接收机截获距离对比

雷达发射功率		雷达最大探测距离/km		侦察接收机最大截获距离/km		
		$\sigma_T = 100\text{m}^2$	$\sigma_T = 1\text{m}^2$	$\delta_I = -40\text{dBm}$	$\delta_I = -60\text{dBm}$	$\delta_I = -80\text{dBm}$
PILOT	1W	28	8.8	0.25	2.5	25
	0.1W	16	5	0	0.8	8
	10mW	9	2.8	0	0.25	2.5
	1mW	5	1.5	0	0	0.8
LPRF	1kW	28	8.8	8	80	800

以上只是从信号波形的角度说明了信号时间带宽积对雷达 LPI 性能的贡献,但低截获措施远不止此,目前常见的方法还有:

(1) 令雷达信号参数最大限度地随机化,运用多种调制方式对发射信号进行复合调制,使截获接收机难以对信号波形进行预测与识别。

(2) 采用连续波和准连续波体制。因为其能获得高的占空比,有效地降低了雷达的发射功率,改善了雷达的低截获性能。连续波体制也使得雷达特别是发射机在设计上大为简化,并能与固态发射机很好地兼容,特别适用于飞机、舰艇等空间有限的平台。

(3) 采用功率管理技术。功率管理技术是现代雷达普遍采用的一种方式,对于雷达的生存提供了安全的保障。功率管理就是使雷达的发射功率在时间和空间上受到控制,用较大的功率进行搜索,用较小功率进行跟踪,并将功率控制在与目标反射截面积相当的程度,把辐射能量严格控制在特定目标的区域,而在其他区域没有能量散射,达到"静寂"效果。

(4) 降低天线副瓣,因为副瓣宽度比主瓣宽度大得多,而且 ESM 截获接收机很容易被发现,并进行干扰,尤其是多径效应所产生的干扰为雷达带来了很多不利因素,因此采用降低天线副瓣的方法可以有效降低雷达被发现的概率。

(5) 提高雷达接收机灵敏度。接收机的灵敏度决定了雷达能检测到的最小信号功率,由前面的理论分析可知高灵敏度对 LPI 雷达的重要性。

可以看出,LPI 技术是雷达发展历程中的一项重大突破。这种新体制雷达充分利用了雷达时域、空域和频域三大资源,可以做到与电子战环境中的目标特性更好的匹配。未来必将是 LPI 雷达的时代,雷达体制的改革也催生了电子侦察设备的更新,两者必将在激烈的对抗中不断发展壮大。

2.4　雷达信号的约束条件

本节内容主要参考了文献[2,3]。理解雷达设计者所面临的基本约束条件以及对电子情报的影响是至关重要的。考虑这样一种观点：未来的雷达能够在兆赫兹带宽的频率上发射噪声波形，并且不能够被电子情报接收机所接收。需要研发这样的电子情报设备来截获和处理这种类型的新号吗？可能不需要，因为这类信号对军用领域的跟踪或搜索雷达来说可能是没有用的。雷达所发射的波形不仅取决于雷达的硬件和信号处理水平，更取决于雷达所承担的任务以及它所探测目标的特性和运动特性。

（1）低峰值功率意味着雷达必须进行长时间的积累，以便获得足够的回波功率（如果积累时间太长，那么目标可能移出距离或者多普勒单元）。

（2）发射宽带信号意味着雷达具有更好的距离分辨率，如果距离单元小于目标的距离范围，那么回波将会在多个距离单元之上展开，这样就降低了在单个距离单元上的能量。例如，如果雷达的带宽为1GHz，那么它的距离分辨率为15cm，每隔15cm就会提供一个距离单元，那么对于长度为15m的目标所用的能量，将需要增加100个距离单元的能量，至少多做100次积累。

（3）显然，发射和接收某种特殊波形的能力，并不是雷达设计者的目的。

本节通过雷达的角度，对雷达信号设计的约束条件进行分析。

2.4.1　与带宽相关的距离分辨率

雷达的距离分辨率为：

$$\Delta R = \frac{c}{2B} \tag{2-26}$$

式中，B 为相干处理间隔期间的信号带宽，也就是瞬时带宽；c 为光速。图 2-6 给出了雷达瞬时带宽与雷达距离分辨率的关系曲线。

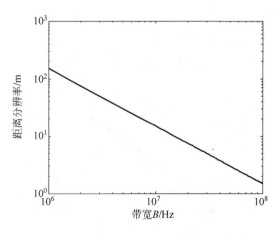

图 2-6　雷达瞬时带宽与距离分辨率

假定 $B=1\text{GHz}$，那么它的距离分辨率为15cm。那么 75m 的目标回波被展开在 500 个距离单元之上。

在多个距离单元上展开信号回波,显然降低了在单个目标回波上的雷达截面积(并因此降低了信噪比),因此雷达在设计时通常具有与其功能相适应的距离分辨率。因此,在上述例子中,更应选择 10MHz 或者更小的相干带宽(10MHz 对应 15m 的分辨率)。从这个意义上来说,没有扩频雷达之类的东西。这对于电子情报侦察的启示在于对特定功能的雷达来说,其信号的瞬时带宽可能会与目前保持一致,而不是大量增加。表 2-2 给出了常见的雷达功能和其距离分辨率要求。

表 2-2　瞬时带宽与距离分辨率

要求的距离分辨率	分辨率/m	带宽/MHz
1. 计算攻击编队的 A/C	30	5
	60	2.5
2. 探测发射时的导弹分离	15	10
3. 舰船、车辆和飞机的成像	0.5~1	150~300
4. 高分辨测绘	0.15	1000

2.4.2　运动目标和积累时间的限制

如果用雷达探测径向运动的目标(目标接近或者远离目标),那么目标在特定距离单元上的积累时间由目标速度和距离分辨率决定。雷达的相干积累时间限制在:

$$T_{CV} = \frac{\delta_R}{v} < \frac{\Delta R}{v} \tag{2-27}$$

式中,T_{CV} 为固定速度目标的最大相干积累时间,径向速度为 v,δ_R 为该时间之内的距离的变换值,ΔR 是距离分辨力。如果径向存在加速度,那么最大的积累时间为:

$$T_{ACC} = \frac{v - [v^2 + 2a(\delta R)]^{0.5}}{-a} < \frac{v - [v^2 + 2a(\Delta R)]^{0.5}}{-a} \tag{2-28}$$

式中,T_{ACC} 为可用的目标相干积累时间。

图 2-7 表示目标速度 $v = 300$m/s,加速度 $a = 2$gm/s² 条件下的目标移动距离和积累时间的关系,从图 2-7 中可以看出,对于 1MHz 的雷达信号(距离分辨率为 150m),其积累时间被限制在 0.5s(固定速度)或者 0.492s(含加速度)。

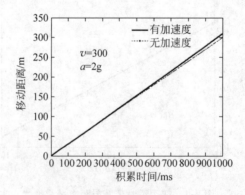

图 2-7　距离与积累时间的关系

对于电子情报,这意味着雷达的相干积累时间受限于所选的距离分辨率以及目标的运动速度。在相干积累时间内,雷达波形带宽决定了雷达的距离分辨率。此外,如果使用多普勒处理,那么在该积累时间内,载波的中心频率需保持不变。

2.4.3　时间带宽积或脉冲压缩比的限制

距离分辨率由带宽确定,积累时间由速度确定,而积累时间与距离分辨率存在限制,因此,瞬时带宽和相干处理时间间隔也有一个很自然的限制,这个限制称为时间带宽积。

$$BT < B\frac{v-(v^2-2a\Delta R)^{0.5}}{-a} = B\frac{v-(v^2-2ac/2B)^{0.5}}{-a}$$

$$= \frac{Bv}{a}\left(\sqrt{1-ac/Bv^2}-1\right) \xrightarrow[a\to 0]{} \frac{c}{2v} \qquad (2\text{-}29)$$

这个限制值通常都较大,例如在目标速度 $v=300\text{m/s}$,加速度 $a=0\text{m/s}^2$ 条件下,这个限制为 500 000。大多数脉冲压缩系统的脉冲压缩比在 10~1000 之间。脉冲压缩可以提高平均功率。脉冲压缩比超过 100 000 的雷达系统已经研制成功了,但它们是用于观测洲际弹道导弹飞行状态的远程系统,或者在洲际弹道导弹攻击情况下区分弹头和诱饵。

需要注意的是,所部属雷达的时间带宽积,由目标的特性决定,而不仅仅取决于信号产生和处理的技术。

2.4.4　多普勒分辨率的限制

如果雷达在一个距离单元内对回波进行相干积累,那么最小多普勒滤波带宽 B_f 约为积累时间 T 的倒数。

$$B_f \approx \frac{1}{T} \qquad (2\text{-}30)$$

然而,如果目标加速运动,那么多普勒频移是变化的,显然,加速度与运动目标多普勒频移在多普勒滤波带宽内的停留时间之间存在某种关系

$$\Delta f_a = \frac{2aTf_0}{c} = \frac{2aT}{\lambda} < B_f \qquad (2\text{-}31)$$

式中,Δf_a 是载波频率为 f_0 时,在积累时间 T 期间因目标加速度 a 引起的多普勒频率扩展。由式(2-30)和式(2-31),可知:

$$T < \sqrt{\frac{\lambda}{2a}}, \quad B_f > \sqrt{\frac{2a}{\lambda}} \qquad (2\text{-}32)$$

为了避免大的不明损耗,实际的雷达设计允许一个相当大的冗余量。例如,将平方根内的 2 移至平方根外。

显然,在任何一个相干积累时间间隔内,因加速度引起的频率偏移不应该大于多普勒滤波器带宽。

2.4.5　频率捷变

从一个相干处理区间到另一个相干处理区间,雷达可以改变其载波频率,而不改变其距离分辨率特性,这种宽带雷达信号被称为频率捷变。捷变带宽受限于雷达设计者的能力,即获得足够的发射功率,并保持天线波束宽度以及在该带宽内的测角能力。典型的捷变带宽

约为中心频率的 10%（注意理解捷变带宽与瞬时带宽）。对于电子情报接收机，窄带接收机的截获概率较低。窄带接收机可以在雷达波段上进行调谐，如果积累时间足够长，则可以截获该信号；否则，就需要宽带接收机（信道化接收机），使其瞬时覆盖的带宽更宽。频率捷变雷达通过在不同频率上对观测目标截面积求平均的方法实现目标探测，降低了目标回波的波动，提高了目标检测能力，并且更难被干扰和识别。需要注意的是，在相干处理间隔内或者执行多普勒处理期间，中心频率是不变的。也就是说，如果有多个脉冲用于多普勒处理，那么在处理时间间隔内，不能改变中心频率或者载波频率。处理时间间隔决定了多普勒分辨率。当频率捷变与多普勒处理同时使用时，逐个脉冲群地改变频率，而不是逐个脉冲地改变频率。

2.4.6　脉冲重复间隔捷变

现代多功能雷达系统对目标的一次照射中采用多个脉冲重复频率。脉冲多普勒雷达的一个要求是：在每个相干处理时间内，脉冲重复频率保持一致。对于动目标指示（Moving Target Indicating，MTI）雷达设计，通常存在一系列脉冲重复频率间隔，它们必须在一个相干处理间隔内完成。这个重复序列称为参差，电子情报分析人员也将参差周期称为大周期。

对于动目标指示雷达，一个脉冲重复间隔内的回波与下一个脉冲重复间隔中的回波相减，固定目标具有相同的振幅和相位，因此相互抵消；动目标的回波具有不同的振幅和相位，因此不能相互抵消。然而，对于机动的目标，如果在一个脉冲重复间隔内，目标径向移动半波长的整数倍，那么回波的相位将移动 360° 的整数倍，因此这个回波也会被错误地抵消，此时的径向速度称为盲速。当改变脉冲的重复间隔时，对应的盲速也会发生变化。多普勒滤波器组可以将各脉冲重复频率（Pulse Repetition Frequency，PRF）线之间的频率区域划分为若干频段，这就改善了在杂波中的动目标检测能力。对于激励滤波器组所需的脉冲数，脉冲重复间隔需要保持不变，从而导致了一系列重复的脉冲重复间隔（例如一种重复间隔有 10 个脉冲，然后另一组重复间隔又有 10 个脉冲）。为了在距离模糊和速度模糊上进行权衡，需要多个脉冲重复间隔，还要使因发射脉冲（在时间上）和谱线（在频率上）而被遮挡的目标距离和速度变得可见。

对于固定的脉冲重复间隔，最大的无模糊距离和速度由下式给出：

$$R_{u} = \frac{1}{2}c(\text{PRI}) \tag{2-33}$$

$$V_{u} = \frac{c}{2(\text{RF})(\text{PRI})} \tag{2-34}$$

例如，当 RF 为 10GHz 时的例子如下：

$$\text{PRI} = 1000\mu s, \quad V_{u} = 15\text{m/s}, \quad R_{u} = 150\text{km}$$
$$\text{PRI} = 100\mu s, \quad V_{u} = 150\text{m/s}, \quad R_{u} = 15\text{km}$$
$$\text{PRI} = 100\mu s, \quad V_{u} = 1500\text{m/s}, \quad R_{u} = 1.5\text{km}$$

可以看出，无模糊距离和速度的乘积是一个常数。这意味着总的模糊度是固定的，脉冲重复频率变大可以提高无模糊距离，但是却降低了无模糊速度。

$$R_{u}V_{u} = \frac{c^2}{4(\text{RF})} \tag{2-35}$$

工作频率越低，乘积 $R_{u}V_{u}$ 就越大，然而，过低的频率可能使得天线不适用。

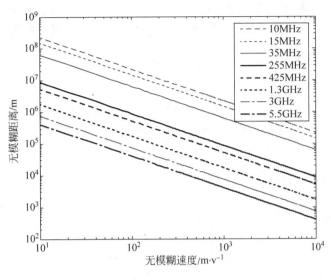

图 2-8　最大无模糊距离和速度

如果目标距离是最大无模糊距离的整数倍,那么就不能收到目标的回波(此时雷达正在发射脉冲,这称为遮盖);同样,如果多普勒频移是脉冲重复频率的整数倍,那么发射谱线和固定杂波的回波使得目标回波变得模糊,因而接收不到。这是使用脉冲重复频率捷变的一个原因。

使用脉冲重复频率捷变的另一个原因是抵御电子攻击。通过预测来自雷达的脉冲何时到达,随机变化的脉冲重复间隔可以抵御干扰,防止在比目标更近的距离上产生干扰。如果干扰机在收到一个脉冲后立即发射一个脉冲,那么对于这种干扰,随机变化的脉冲重复间隔将不再起作用。

雷达可以工作在 3 种脉冲重复频率下,即低重频、高重频和中重频。低重频的工作模式意味着:雷达在发射下一个脉冲之前,在所有感兴趣距离上的目标回波都已经返回,距离测量可以假设是无模糊的,通常用于远程警戒雷达和简单的测距雷达。脉冲重复频率实际上取决于探测目标的距离,因此低重频没有特定的数值,对于典型的低脉冲重复频率,重频为几百赫兹。对于这种雷达,感兴趣的目标通常产生数倍于脉冲重复频率的多普勒频移,并因此产生严重的速度模糊。当然,如果雷达工作频率足够低,那么感兴趣的多普勒频移可以小于脉冲重复频率,可以提供足够大的无模糊距离和速度。

高重频意味着,所有感兴趣的目标产生的多普勒频移都小于脉冲重复频率,因此速度测量是无模糊的。脉冲重复频率的值由射频和感兴趣的速度决定。对于典型的设计,脉冲重复频率可以达到几十万赫兹。这通常用于机载雷达,这种雷达通常根据多普勒滤波从杂波中区分目标,回波的延迟时间是脉冲重复间隔的许多倍,并因此具有严重的距离测量模糊。

中脉冲重复频率意味着目标回波返回时,已过去若干个脉冲重复间隔,并且大多数目标的多普勒频移都是脉冲重复频率的若干倍,其结果是距离和速度的测量值都是模糊的。

一部雷达可以具有这 3 种工作模式。如果工作在高重频上,则不但存在距离模糊,还存在目标回波的遮蔽问题。遮蔽的距离由脉冲宽度与脉冲重复频率之比给出。即使雷达设计者对距离本身不感兴趣,也必须避免因目标遮蔽而丢失目标。因此,使用若干个脉冲重复频率,以便无论距离是多少,至少能用几种重复频率探测到目标。对于盲速,也是类似的道理。

2.4.7　功率限制

雷达探测距离取决于在积累时间内从目标返回的总能量,这个能量是平均功率和积累时间的乘积,平均能量是指峰值功率和占空系数的乘积。脉冲压缩用于提高平均功率,同时可保持宽脉冲的最大作用距离以及窄脉冲的距离分辨率。

2.5　本章小结

本章主要介绍了电子侦察的作用距离和雷达信号的约束条件。在电子侦察作用距离中,通过对电子侦察单程优势和雷达灵敏度优势的分别介绍,给出电子侦察方程;通过电子侦察作用距离和雷达作用距离的相互对比,给出了低截获概率雷达的基本概念;通过对雷达设计者在设计雷达时需要考虑的约束条件的介绍,给出一些电子情报分析可以利用的规律规则,也可以作为雷达性能推断的依据。

参考文献

[1]　王建华,胡以华,石亮.复杂环境下侦察机侦察距离计算[J].电子对抗,2010(4):18-21.

[2]　Wiley R G. Electronic Intelligence: The Interception and Analysis of Radar Signals[M]. 1st ed. Norwood,MA:Artech House,2006.

[3]　[美]Wiley R G. 电子情报(ELINT):雷达信号截获与分析[M].吕跃广,译. 北京:电子工业出版社,2008.

第3章

雷达信号波形与重复间隔

3.1　本章引言

本章从主动雷达的角度,对雷达信号的波形以及脉冲重复规律进行深入的介绍,它们是进行雷达侦察信号分析与处理的必要基础。本章首先对现代雷达常见的信号波形进行了分析,从频谱、时频图等特征入手,对信号的脉内调制特征进行分析;在此基础上,介绍了现代雷达常见的脉冲重复间隔变化规律。

3.2　雷达信号波形

3.2.1　雷达信号模糊函数

在对雷达信号波形进行设计时,不仅需要考虑信号的低截获特性,还需要考虑信号本身所具有的分辨率、探测精度等问题,而模糊函数正是对雷达信号进行分析研究和波形设计的一个有效工具,模糊函数定义为信号复包络的时间-频率复合自相关函数,以 $\chi(\tau, f_\mathrm{d})$ 表示,即:

$$\chi(\tau, f_\mathrm{d}) = \int_{-\infty}^{\infty} u(t)u^*(t+\tau)\mathrm{e}^{\mathrm{j}2\pi f_\mathrm{d}t}\mathrm{d}t \qquad (3\text{-}1)$$

式中,τ 为回波延迟,f_d 为多普勒频移。根据模糊函数绘制的三维图称为模糊图,理想的模糊图是一个在原点处的冲激函数,表示只有当两个目标完全重合并且速度一致时,才无法分辨。所以,在实际的波形设计中,期望在原点处获得高的尖峰,以获得高的速度和距离分辨率。除原点尖峰外,模糊图还有可能在其他地方出现尖峰,因此模糊函数可以说明信号的混淆情况。在原点附近,等强度的轮廓线是一个区域,区域的大小决定了目标观测的精度,因此希望模糊图尽可能尖锐,以提高探测精度。模糊函数还可以说明信号的抗干扰性能,当雷达的杂波区域图与信号模糊图重叠时,根据其相对位置关系判断该信号对该杂波是否具有良好的杂波抑制特性。

基于以上考虑,常用来作为雷达信号波形的信号有线性调频(LFM)信号、非线性调频(NLFM)信号、伪码调相(PSK)信号、频率编码(FSK)信号以及多种方式进行复合调制信号,如伪码-线性调频信号、FSK/PSK 信号等。

3.2.2　典型雷达脉内信号

为了适应现代战争的需求,科研人员设计出了多种复杂的雷达波形和灵活多变的调制方式。常规脉内无调制的脉冲信号在当前电子战环境中所占的比重越来越小,复杂体制雷达辐射源迅速增加并逐渐占据主导地位,这给雷达辐射源信号侦察及后续的分选识别带来了新的挑战。脉内调制是雷达信号设计者为了实现某种特定的功能,人为在信号脉冲内部进行调制。由于信号发射设备峰值功率的限制,使得大的时宽和带宽不可兼得,从而导致雷达系统的测距精度、距离分辨率与测速精度、速度分辨率与作用距离之间存在不可调和的矛盾[1]。由模糊函数理论可知,对宽脉冲信号加入脉内调制能提供大的时间带宽积,可以有效解决这一矛盾。脉冲压缩雷达正是根据这一原理而设计的,因此脉压体制是现代雷达,特别是军用雷达广泛采用的一种体制,如美国的 ACWAR 雷达信号采用相位编码脉冲压缩形式,主要用来截获和跟踪目标;意大利的 PILOT 雷达信号采用线性调频脉冲压缩形式,主要用于海上导航;美国的 SANCTUAY 雷达信号采用相位编码脉冲压缩形式,主要利用双基地体制完成远程监视与跟踪;美国休斯公司的 AN/APQ181 雷达信号采用脉冲编码压缩,主要装备在 B-2 隐身轰炸机上。

雷达信号的脉内调制方式通常包括幅度调制、相位调制、频率调制以及混合调制等,如表 3-1 所示。由于雷达信号多为短脉冲制式,信号能量决定了其检测能力的大小,为充分利用雷达发射机的功率,一般不采用脉内幅度调制,而主要使用频率调制和相位调制,同时这两种体制也是具有大时间带宽积的脉冲压缩雷达主要的信号形式[2]。

表 3-1　常见的雷达辐射源信号脉内调制方式

调制方式	信号类型		信号描述
频率调制	线性调频信号		频率随时间呈线性变化
	频率编码信号		频率随时间呈阶梯状分布
	非线性调频信号	余弦调频	频率是时间的余弦函数
		正切调频	频率是时间的正切函数
		反正切调频	频率是时间的反正切函数
		双曲线调频	频率是时间的双曲线函数
		偶二次调频	频率是时间的偶二次函数
	V 型调频信号		频率随时间呈 V 型分布
	线性步进频率编码		频率随时间呈阶梯状分布
相位调制	二相编码信号		编码调制函数离散,瞬时频率出现多个相同峰值
	多相编码信号		编码调制函数离散,瞬时频率出现多个不同峰值
混合调制	二相编码与线性调频组合调制信号		码元间隔内频率呈线性变化,信号波形与二相编码信号相同
	频率编码与二相编码组合调制信号		每频率内呈现二相编码频率,信号波形为多频率分布
	频率编码与四相编码组合调制信号		每频率内呈现四相编码频率,信号波形为多频率分布

理论上雷达信号的调制方式可以随意改变,但为了满足雷达系统特定功能的需求,雷达信号波形设计必须遵循一定的规则部分规则已在第 2 章进行了介绍。如为满足动目标跟踪的要求,雷达工作频率、脉宽、幅值等必须具有高度的短期稳定性;为了同时兼顾测距精度、

距离分辨率与测速精度、速度分辨率,需要采用脉冲压缩体制的大时宽、带宽积信号;为了削弱多普勒频移的影响,需要采用 LFM 信号;为了获得很高的时延和多普勒分辨能力,需要采用相位调制信号[3]。因此在一定条件下,为了满足雷达的作战性能需求,必须选择与之相适应的信号形式和参数。一旦雷达系统的用途和功能确定,相应的雷达信号调制方式和参数也基本上能确定下来,从而使得提取相对稳定的辐射源信号调制特征成为可能。

设侦察接收机接收信号的模型为:

$$x(t) = s(t) + v(t), \quad 0 \leqslant t \leqslant T \tag{3-2}$$

式中,$s(t)$为雷达信号,$v(t)$为高斯白噪声,T为脉冲宽度。

信号的功率为

$$P_s = \frac{1}{N} \sum_{t=0}^{N-1} |s(t)|^2 \tag{3-3}$$

噪声的功率为

$$\sigma^2 = \frac{1}{N} \sum_{t=0}^{N-1} |v(t)|^2 \tag{3-4}$$

信噪比(SNR)定义为

$$\mathrm{SNR} = 10 \log_{10}(P_s/\sigma^2) \tag{3-5}$$

下面以部分典型雷达辐射源信号为例,给出其数学模型[1],并在时域、频域和时频域对信号进行分析。

1. 常规脉冲信号

常规脉冲信号(CW)采用固定载频,脉内不包含任何频率和相位调制信息,其信号模型可以表示为

$$s(t) = A \cdot \mathrm{rect}\left(\frac{t}{T}\right) \exp(\mathrm{j}2\pi f_0 t + \varphi) \tag{3-6}$$

$$\mathrm{rect}\left(\frac{t}{T}\right) = \begin{cases} 1 & |t/T| \leqslant 1/2 \\ 0 & |t/T| > 1/2 \end{cases} \tag{3-7}$$

式中,A为信号幅度,f_0为载频,φ为初相,T脉冲宽度。CW 信号的瞬时频率恒为f_0,它不随时间的变化而变化。图 3-1 给出了 CW 信号的时域、频域和时频域图形。从时域上看,CW 信号是一条正弦曲线;从频域上看,CW 信号在频谱图中只有一个频率分量;从时频域可以看出,CW 信号在时频面上是一条平行于时间轴的直线,表明该信号频率不随时间变化,信号能量也聚集在同一频率点。

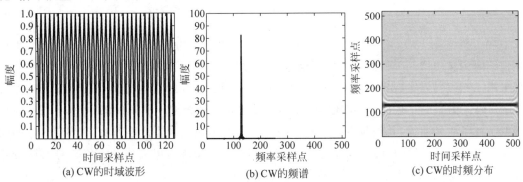

(a) CW的时域波形　　(b) CW的频谱　　(c) CW的时频分布

图 3-1　CW 的信号特点

2. 线性调频信号

线性调频(LFM)信号是一种广泛应用的脉冲压缩信号,信号频率随时间呈线性变化,即用对载频进行线性频率调制的方法展宽回波信号的频谱,也称之为 Chirp 信号,是比较容易产生的一种信号。其信号模型可以表示为

$$s(t) = \begin{cases} A\exp\left\{j2\pi\left(f_0 t + \frac{1}{2}kt^2 + \phi\right)\right\} & 0 \leqslant t \leqslant T \\ 0 & 其他 \end{cases} \tag{3-8}$$

式中,A 为信号幅度,f_0 为初始频率,k 为调频斜率,ϕ 为初相,T 为脉冲宽度。LFM 信号的瞬时频率是一条斜率为 k 的直线。该信号具有峰值功率小、调制形式简单和时间带宽积较大的特点,可以提高雷达的距离分辨率和径向速度分辨率以及抗干扰性能。图 3-2 给出了 LFM 信号的时域、频域和时频域图形。从时域上看,LFM 信号是一条频率连续变化的正弦曲线;从频域上看,LFM 信号分布在一个频带范围内;从时频域可以看出 LFM 信号在时频面上是一条斜线,表明该信号频率随时间呈线性变化。

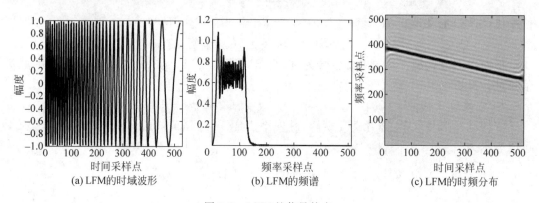

(a) LFM的时域波形　　　(b) LFM的频谱　　　(c) LFM的时频分布

图 3-2　LFM 的信号特点

3. 相位编码信号

相位编码(PSK)信号在载频不变的前提下,改变信号的相位,把码字信息调制在载波相位中。编码形式通常采用伪随机序列编码,技术简单成熟,抗干扰性强,不仅降低了单位频带内的信号能量,使其不易被敌人察觉,同时也提高了距离分辨率和多普勒分辨率。其信号模型可以表示为

$$s(t) = A\sum_{i=1}^{N}\exp\{j(2\pi f_c t + \phi_i)\}u_{T_p}(t - iT_p) \tag{3-9}$$

式中,$\phi_i \in \{2\pi(m-1)/M, m=1,2,\cdots,M\}$,$M$ 为相位数,N 为码元数,T_p 为码元宽度。采用相位编码为脉内调制类型的雷达脉压信号并不常见,目前大多数采用相位编码体制的雷达都采用二相编码方案(BPSK),常用的二相码有巴克码、组合巴克码、互补码、M 序列码以及 L 序列码。图 3-3 给出了 BPSK 信号的时域、频域和时频域图形。从时域上看,BPSK 信号近似于一条正弦曲线,其相位在几个特定的时间点产生跳变;从频域上看,BPSK 信号的频谱图不再是单一的频率分量,频率范围得到扩展;从时频域可以看出 BPSK 信号时频分布和 CW 相似,但其在相位突变点会有凸起。

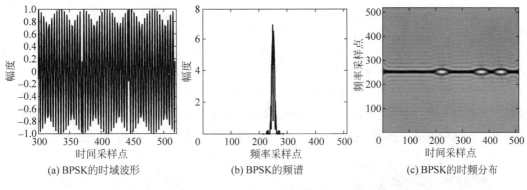

(a) BPSK的时域波形　　(b) BPSK的频谱　　(c) BPSK的时频分布

图 3-3　BPSK 信号特点

4. 频率编码信号

信号载频以一定规律或随机方式跳变的脉冲序列称为频率编码(FSK)脉冲信号,其主要特点是信号脉内各子码具有不同的频率,且一般各个频率间有足够大的跳变量,能够满足各子脉冲频谱互不重迭。其信号模型可以表示为

$$s(t) = A \sum_{i=1}^{N} \exp\{j(2\pi f_i t + \theta_i)\} u_{T_p}(t - iT_p) \tag{3-10}$$

式中,$f_i \in \{f_1, f_2, \cdots, f_M\}$,$M$ 为频率数,N 为码元数,T_p 为码元宽度。FSK 信号的瞬时频率呈不连续的阶梯状。频率编码脉冲信号是一种大时宽带宽信号,具有良好的距离和多普勒分辨性能。同时该信号又因具有较窄的瞬时带宽,可以在窄带发射机、接收机的条件下工作,避免了常规宽带信号在工程实现中面临的困难,是一种实用的高分辨率信号形式。图 3-4 给出了二相频率编码信号(BFSK)信号的时域、频域和时频域图形。从时域上看,BFSK 信号是一条具有两个变化频率的正弦曲线;从频域上看,BFSK 信号有两个频率分量;从时频域可以看出 BFSK 信号在两个频率点上跳变,在时频面上显示为两条断续的直线。

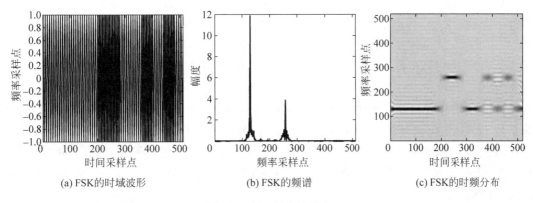

(a) FSK的时域波形　　(b) FSK的频谱　　(c) FSK的时频分布

图 3-4　FSK 的信号特点

5. 偶二次调频信号

偶二次调频(EQFM)信号频率随时间呈非线性变化,其瞬时频率曲线为一个二次抛物线,其信号模型可以表示为

$$s(t) = \begin{cases} A\exp\{j(2\pi f_0 t + \pi k(t - T/2)^3)\} & 0 \leqslant t \leqslant T \\ 0 & \text{其他} \end{cases} \tag{3-11}$$

式中,T 为脉冲宽度,k 为调制系数,B 为信号带宽。k 与 T 和 B 的关系为:$k = 8B/3T^2$。EQFM 信号通过改变传统线性调频信号不同时刻的调频率,来实现对信号功率谱的加权,从而达到改善脉压性能和抑制旁瓣的效果,能够获得较低的峰值旁瓣电平和积分旁瓣电平,具有良好的多普勒响应能力和无须加权等优点。图 3-5 给出的 EQFM 信号的时域、频域和时频域图形。从时域上看,EQFM 信号是一条频率呈非线性变化的正弦曲线;从频域上看,EQFM 信号分布在较宽的频带范围内;从时频域可以看出 EQFM 信号在时频面上是一条抛物线。

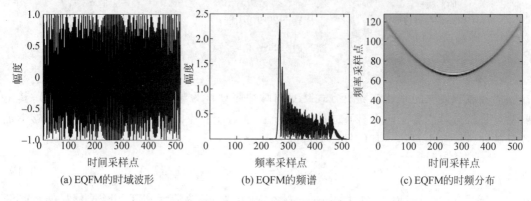

(a) EQFM的时域波形   (b) EQFM的频谱   (c) EQFM的时频分布

图 3-5   EQFM 的信号特点

6. 调频连续波信号

调频连续波(FMCW)具有辐射功率小、测距测速精度高、设备相对简单、易于实现固态化设计、接收灵敏度高、具有良好的电子对抗性能和低截获概率等优点,在雷达中得到了广泛应用。依据调频方式不同,调频连续波主要分为锯齿波和三角波。锯齿波在速度和距离上存在模糊,不利于多目标环境中运动目标的检测。三角波利用差拍傅里叶方式在一个周期内就可无模糊地确定目标距离和速度,处理简单,易于实现。对称三角线性 FMCW 信号每个周期包括正、负调频斜率两部分,即信号的频率在一个周期内线性上升到某个值,然后线性下降到起始值,周期重复,其信号模型如下:

$$s(t) = \begin{cases} \exp\{j2\pi[(f_c - B/2)t + Bt^2/t_m]\} & 0 \leqslant t < t_m \\ \exp\{j2\pi[(f_c + B/2)(t - t_m) + B(t - t_m)^2/t_m]\} & t_m \leqslant t < 2t_m \\ 0 & \text{其他} \end{cases} \tag{3-12}$$

式中,$s(t)$ 为对称三角线性调频信号一个周期的信号波形,B 为信号带宽,f_c 为信号载频,t_m 为信号正调频或负调频部分时间,周期 $T = 2t_m$。图 3-6 给出了 FMCW 信号的时域、频域和时频域图形。从时域上看,FMCW 信号是一条频率连续变化的正弦曲线;从频域上看,FMCW 信号分布在一定的频带范围内;从时频域可以看出 FMCW 信号在时频面上是一条三角形的折线。

7. COSTAS 频率调制信号

COSTAS 信号是一种载频按 COSTAS 编码方式变化的频率跳变信号,其信号模型为

$$s(t) = \frac{1}{\sqrt{N}} \sum_{n=1}^{N} u(t - (n-1)T_r)\exp(j2\pi f_n t) \tag{3-13}$$

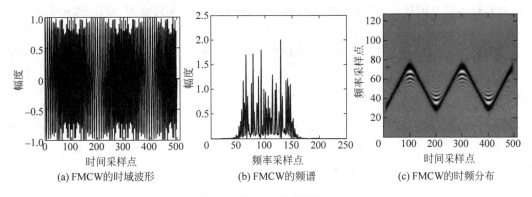

(a) FMCW的时域波形　　(b) FMCW的频谱　　(c) FMCW的时频分布

图 3-6　FMCW 的信号特点

$$u(t) = \frac{1}{\sqrt{T}}\mathrm{rect}\left(\frac{t - T/2}{T}\right) \tag{3-14}$$

式中，T_r 为脉冲重复周期，N 为子脉冲个数，$u(t)$ 为子脉冲，f_n 为第 n 个子脉冲频率。$\mathrm{rect}(t)$ 为矩形函数；T 为子脉冲宽度。COSTAS 跳频信号具有近似理想"图钉形"的模糊函数，其不存在模糊旁瓣和距离-速度耦合，具有一般随机跳变的跳频信号所没有的特性，因而得到了越来越多的应用。图 3-7 给出了 COSTAS 信号的时域、频域和时频域图形。从时域上看，COSTAS 信号是一条频率非连续变化的正弦曲线；从频域上看，COSTAS 信号有多个频率分量；从时频域可以看出 COSTAS 信号频率按照一定规则跳变，在时频图上显示的是一段段平行于时间轴的直线散布在时频面上。

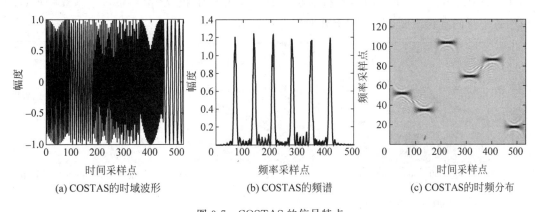

(a) COSTAS的时域波形　　(b) COSTAS的频谱　　(c) COSTAS的时频分布

图 3-7　COSTAS 的信号特点

8. 多相编码信号

多相编码信号兼具线性调频信号和相位编码信号的优点，是低截获概率雷达（LPI）广泛采用的脉冲波形。其信号模型为

$$s(t) = A\exp\{\mathrm{j}[2\pi f_c t + \phi(t) + \theta_c]\} \quad 0 \leqslant t \leqslant T \tag{3-15}$$

式中，A 是幅度，f_c 是载频，θ_c 是初相，$\phi(t) = \sum_{k=1}^{N} \phi_k \prod (t - kT_s)$。$T_s$ 为码元宽度，$\prod$ 是持续时间为 T_s 的矩形窗函数。ϕ_k 为调制相位，不同的调制相位形成了不同的多相编码方式（FRANK、P1、P2、P3 和 P4）。多相编码保持了步进调频信号和线性调频信号的多普勒特

性,具有很多优良的特性,例如低距离-时间旁瓣、容易进行数字化处理、较高的多普勒容限、相位误差相对不敏感等。

FRANK 码、P1 码和 P2 码是对步进调频信号按采样定律采样相位得到的多相码,实际上是线性调频波形的不连续的近似。该信号有 N 个频率步进,每个频率有 N 个样本,FRANK 码、P1 码和 P2 码的第 j 个频点的第 i 个样本的相位如下所示:

$$\text{FRANK:} \phi_{i,j} = \frac{2\pi}{N}(i-1)(j-1) \tag{3-16}$$

$$\text{P1:} \phi_{i,j} = -\frac{\pi}{N}[N-(2j-1)][(j-1)N+(i-1)] \tag{3-17}$$

$$\text{P2:} \phi_{i,j} = \left[\frac{\pi}{2} \cdot \frac{N-1}{N} - \frac{\pi}{N}(i-1)\right](N+1-2j) \tag{3-18}$$

式中,$i=1,2,\cdots,N,j=1,2,\cdots,N$。FRANK 码、P1 码和 P2 码的脉冲压缩率均为 N^2。对于 P2 码来说,当 N 为奇数时,自相关旁瓣非常高,因此 P2 码中 N 一般取为偶数。

P3 码和 P4 码是通过对线性调频信号的采样得到的。P3 码和 P4 码的第 i 个样本的相位如下所示:

$$\text{P3:} \phi_i = \frac{\pi}{\rho}(i-1)^2 \tag{3-19}$$

$$\text{P4:} \phi_i = \frac{\pi}{\rho}(i-1)^2 - \pi(i-1) \tag{3-20}$$

式中,$i=1,2,\cdots,\rho$,脉冲压缩率为 ρ。图 3-8 为 5 种多相编码的时频分布图,可以看出在时频面上,FRANK 信号是由两条平行的步进斜线构成;P1 和 P2 由一条步进斜线构成;P2 由两条平行的直线构成;P4 和 LFM 时频形状近似。

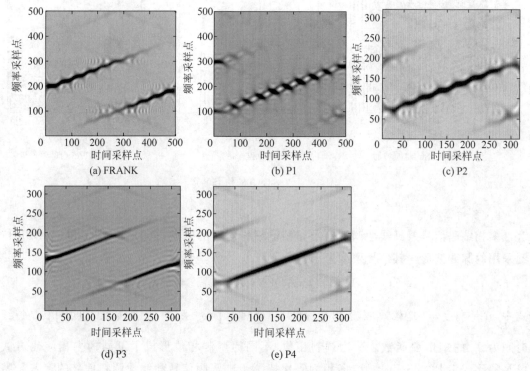

(a) FRANK   (b) P1   (c) P2

(d) P3   (e) P4

图 3-8   多相编码信号的时频图像

9. 伪码-线性调频信号

伪码调相信号的相位调制函数是离散的有限状态,属于离散编码脉冲压缩信号。这类信号的模糊函数大多呈近似图钉形,其逼近程度随时间带宽积的增大而提高,但是当回波信号与匹配滤波器有多普勒失谐时,压缩比下降,因此伪码调相信号是多普勒灵敏信号,常用于多普勒变化范围较窄的场合。

频率捷变信号是指信号载频快速变化(有规律或随机)的信号。雷达的瞬时工作频率在频率捷变带宽中的多个频率点随机跳动。当频率正好跳到干扰机的信号带宽内时,雷达将受到干扰。如果雷达捷变频带宽比干扰机的干扰带宽宽得多,那么大部分时间干扰机都无法干扰雷达。

但随着侦察接收机性能的不断提升,截获技术的不断改进以及干扰手段的多样化,单一调制方式的缺点也逐渐凸现出来。如 LFM 信号形式简单,旁瓣较高,易被截获。伪码调相信号只适用于多普勒频移较窄的场合。FSK 信号大的峰值功率点易被发现。下面对两种复合调制信号从时频域、模糊域以及低截获性能等方面进行详细分析,并与采用单一调制方式的信号进行比较。

GOLD 码是 R. Gold 提出的一种基于 m 序列的码序列,它是对两个长度相同、速率相同,但码字不同的 m 序列优选后再模 2 相加得到的。GOLD 码具有良好的自相关、互相关特性,在实际中获得了比较广泛的应用。

在伪码调相连续波中,伪码序列采用 GOLD 码,同时在每个码元内进行线性调频,信号时频关系如图 3-9 所示。则伪码-线性调频信号的时域表达式为线性调频信号与伪码调相信号的卷积,即:

$$u(t) = u_{\mathrm{lfm}}(t) \times u_p(t)$$
$$= \left[\frac{1}{\sqrt{T}} \mathrm{rect}\left(\frac{t}{T}\right) \mathrm{e}^{\mathrm{j}\pi k t^2} \right] \times \left[\frac{1}{\sqrt{P}} \sum_{n=0}^{P-1} c_n \delta(t - nT) \right]$$
$$= \frac{1}{\sqrt{PT}} \sum_{n=0}^{P-1} c_n \mathrm{rect}\left(\frac{t - nT}{T}\right) \mathrm{e}^{\mathrm{j}\pi k(t-nT)^2} \tag{3-21}$$

式中,P 是 GOLD 序列的长度,T 是 LFM 信号的时宽也就是伪码序列子脉冲宽度,c_n 是 GOLD 序列系数,k 是 LFM 信号的调频斜率。

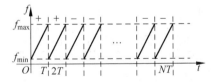

图 3-9　伪码-线性调频信号时频关系

对式(3-21)进行傅里叶变换,得复合信号的频谱表达式为

$$U(f) = \frac{1}{\sqrt{2kTP}} \mathrm{e}^{-\mathrm{j}\pi f^2/k} \{ [c(U_1) + c(U_2)] + \mathrm{j}[s(U_1) + s(U_2)] \} \left[\sum_{n=0}^{P-1} c_n \mathrm{e}^{-\mathrm{j}2\pi fnT} \right] \tag{3-22}$$

式中,$U_1 = \sqrt{kT^2/2}\,(1 + 2f/kT)$,$U_2 = \sqrt{kT^2/2}\,(1 - 2f/kT)$,$c(U) = \int_0^U \cos\frac{\pi t^2}{2}\mathrm{d}t$ 和 $s(U) =$

$\int_0^U \sin\dfrac{\pi t^2}{2}\mathrm{d}t$ 表示菲涅耳积分。由式(3-22)可以看出，复合信号的频谱范围主要取决于 LFM 子

脉冲频谱，但受附加因子 $\sum\limits_{n=0}^{P-1} c_n \mathrm{e}^{-\mathrm{j}2\pi f n T}$ 的影响，其并不平滑。所以，伪码-线性调频信号具有大

时宽和大带宽特性，且灵活多变的伪码序列使复合信号具有较强的抗干扰能力。

根据模糊函数定义：

$$\chi(\tau, f_d) = \int_{-\infty}^{\infty} u(t) u^*(t+\tau) \mathrm{e}^{\mathrm{j}2\pi f_d t} \mathrm{d}t = \int_{-\infty}^{\infty} \left[u(t) \mathrm{e}^{\mathrm{j}2\pi f_d t} \right] u^* \left[\tau - (-t) \right] \mathrm{d}t$$

$$= u(\tau) \mathrm{e}^{\mathrm{j}2\pi f_d \tau} * u^*(-\tau) \tag{3-23}$$

其中 $u(t) = u_{\mathrm{lfm}}(t) * u_{\mathrm{p}}(t)$ 代入计算得：

$$\chi(\tau, f_d) = \left[u_{\mathrm{lfm}}(\tau) * u_{\mathrm{p}}(\tau) \right] \mathrm{e}^{\mathrm{j}2\pi f_d \tau} * \left[u_{\mathrm{lfm}}^*(-\tau) * u_{\mathrm{p}}^*(-\tau) \right]$$

$$= \left[u_{\mathrm{lfm}}(\tau) \mathrm{e}^{\mathrm{j}2\pi f_d \tau} * u_{\mathrm{lfm}}^*(-\tau) \right] * \left[u_{\mathrm{p}}(\tau) \mathrm{e}^{\mathrm{j}2\pi f_d \tau} * u_{\mathrm{p}}^*(-\tau) \right]$$

$$= \chi_{\mathrm{lfm}}(\tau, f_d) \underset{\tau}{*} \chi_{\mathrm{p}}(\tau, f_d)$$

$$= \sum_{m=-(P-1)}^{P-1} \chi_{\mathrm{lfm}}(\tau - mT, f_d) \chi_{\mathrm{p}}(mT, f_d) \tag{3-24}$$

式中，$\underset{\tau}{*}$ 表示对 τ 卷积，$\chi_{\mathrm{lfm}}(\tau, f_d)$，$\chi_{\mathrm{p}}(\tau, f_d)$ 分别表示 $u_{\mathrm{lfm}}(t)$，$u_{\mathrm{p}}(t)$ 的复合自相关函数。

$$\chi_{\mathrm{lfm}}(\tau, f_d) = \begin{cases} \mathrm{e}^{\mathrm{j}\pi\left[(f_d - k\tau)(T-\tau) - k\tau^2 \right]} \left[\dfrac{\sin\pi(f_d - k\tau)(T-|\tau|)}{\pi(f_d - k\tau)(T-|\tau|)} \right] \dfrac{(T-|\tau|)}{T} & |\tau| \leqslant T \\ 0 & |\tau| \geqslant T \end{cases} \tag{3-25}$$

$$\chi_{\mathrm{p}}(mT, f_d) = \begin{cases} \dfrac{1}{P} \sum\limits_{n=0}^{P-1-m} c_n c_{n+m} \mathrm{e}^{\mathrm{j}2\pi f_d nT}, & 0 < m \leqslant P-1 \\ \dfrac{1}{P} \sum\limits_{n=-m}^{P-1} c_n c_{n+m} \mathrm{e}^{\mathrm{j}2\pi f_d nT}, & -(P-1) \leqslant m \leqslant 0 \end{cases} \tag{3-26}$$

整理得伪码-线性调频信号模糊函数通用表达式为

$$\chi(\tau, f_d) = \frac{1}{PT} \sum_{m=-(P-1)}^{-1} \sum_{n=-m}^{P-1} c_n c_{n+m} \mathrm{e}^{\mathrm{j}2\pi f_d nT} \chi_{\mathrm{lfm}}(\tau - mT, f_d)$$

$$+ \frac{1}{PT} \sum_{m=0}^{P-1} \sum_{n=0}^{P-1-m} c_n c_{n+m} \mathrm{e}^{\mathrm{j}2\pi f_d nT} \chi_{\mathrm{lfm}}(\tau - mT, f_d) \tag{3-27}$$

令 $n+m=i$，则两个二重求和之和可合并为

$$\sum_{m=-(P-1)}^{-1} \sum_{n=-m}^{P-1} + \sum_{m=0}^{P-1} \sum_{n=0}^{P-1-m} = \sum_{n=0}^{P-1} \sum_{i=0}^{P-1} \tag{3-28}$$

所以，式(3-27)可化简为

$$\chi(\tau, f_d) = \frac{1}{PT} \sum_{n=0}^{P-1} \sum_{i=0}^{P-1} c_n c_i \mathrm{e}^{\mathrm{j}2\pi f_d nT} \mathrm{e}^{\mathrm{j}\pi\{[f_d - k(\tau - nT + iT)] \cdot [T - (\tau - nT + iT)] - k(\tau - nT + iT)^2\}}$$

$$\left[\frac{\sin\pi(f_d - k(\tau - nT + iT))(T - |\tau - nT + iT|)}{\pi(f_d - k(\tau - nT + iT))(T - |\tau - nT + iT|)} \right] (T - |\tau - nT + iT|) \quad |\tau| < T \tag{3-29}$$

在式(3-29)中，令 $f_d = 0$，即可得其距离模糊函数为

$$|\chi(\tau, 0)| = \frac{1}{PT} \sum_{m=-(P-1)}^{P-1} |b_m| \left| \frac{\sin\pi k\tau(T-|\tau|)}{\pi k\tau} \right| \tag{3-30}$$

式中 b_m 表示伪码序列的非周期自相关函数。

$$b_m = \begin{cases} \sum_{n=0}^{P-1-m} c_n c_{n+m}, & 0 < m \leqslant P-1 \\ \sum_{n=-m}^{P-1} c_n c_{n+m}, & -(P-1) \leqslant m \leqslant 0 \end{cases} \tag{3-31}$$

为了说明该复合信号的距离分辨率,令 $m=0$,得中心模糊带的表达式为

$$|\chi(\tau,0)| = \frac{1}{PT} \left| \frac{\sin[\pi k \tau(T-|\tau|)]}{\pi k \tau} \right| P \quad |\tau| < T \tag{3-32}$$

可见,距离名义分辨参数由脉压后的近似 sinc 包络决定,其值为 $1/B$。

在式(3-29)中,令 $\tau=0$,即可得其速度模糊函数为

$$|\chi(0,f_d)| = \frac{1}{PT} \left| \sum_{n=0}^{P-1} \sum_{i=0}^{P-1} c_n c_i e^{j2\pi f_d nT} \chi_{\text{lfm}}(iT-nT, f_d) \right| \tag{3-33}$$

为了说明该复合信号的速度分辨率,令 $i=0$,得中心模糊带的表达式为

$$|\chi(0,f_d)| = \frac{1}{PT} \left| \frac{\sin(\pi f_d TP)}{\sin(\pi f_d T)} \right| \left| \frac{\sin(\pi f_d T)}{\pi f_d} \right| P \tag{3-34}$$

可见,速度名义分辨率由两部分决定,一部分为脉压后的 sinc 包络,其速度名义分辨率为 $1/T$,另一部分为 $\sin(\pi f_d TP)/\sin(\pi f_d T)$,其速度名义分辨率约为 $1/TP$,由于 $1/T > 1/TP$,因此速度名义分辨参数约为 $1/TP$。

仿真参数:GOLD 码长度 $P=31$,子脉冲宽度为 $T=1\mu s$,调频带宽 $B=20\text{MHz}$。载频 20MHz,采样频率 100MHz,调频斜率 20MHz/μs。图 3-10 为复合信号与单一的线性调频信号频谱图的对比,由图可知,伪码-线性调频信号的频谱接近于矩形,与单个调频脉冲信号频谱非常相似,信号能量主要集中在一个带宽内,但其带内波动较大,相位编码导致其并不平滑。

图 3-11 为伪码-线性调频信号模糊函数图,它综合反映了信号的分辨率、测量精度以及估值精度。由图可见,其模糊图呈"图钉"型,主峰非常尖锐,具有较高的主瓣分辨率。它消除了常规 LFM 信号的速度-距离耦合,具有较强的杂波抑制能力。但是,从图中也可以看出,在模糊图基底上仍存在着一些平行于多普勒轴的起伏带,表明这种复合信号并不能完全

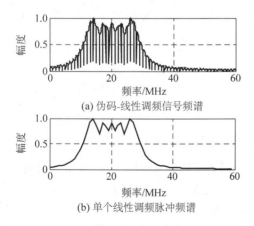

(a) 伪码-线性调频信号频谱

(b) 单个线性调频脉冲频谱

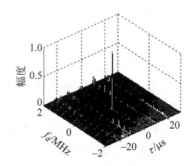

图 3-10 伪码-线性调频信号频谱及调频子脉冲频谱   图 3-11 伪码-线性调频信号模糊函数图

抑制旁瓣的影响。在实际应用中,仍需要全面考虑复合信号模糊区与目标环境图的匹配,通过对信号进行加权处理或调整信号各项参数使复合信号模糊函数与雷达工作的目标环境达到最优匹配。

图 3-12 为伪码-线性调频信号的距离模糊函数图,图 3-13 为伪码调相信号的距离模糊函数图。由两图对比可得,单一的伪码调相信号自相关旁瓣分布很宽,平均副瓣高,而伪码-线性调频信号只存在少量较高的副瓣,通过仿真计算得到复合信号主瓣宽度为 $0.052\mu s$,伪码调相信号主瓣宽度为 $1\mu s$,表明复合信号较伪码调相信号有着更高的距离分辨率。图 3-14 为伪码-线性调频信号的速度模糊函数图,图 3-15 为 LFM 信号的速度模糊函数图。复合信号主瓣宽度为 $0.033\mathrm{MHz}$,线性调频信号主瓣宽度为 $1\mathrm{MHz}$,复合信号的速度分辨率要高于线性调频信号,并且随着编码序列数的增加,其速度分辨率可以得到进一步的提升。

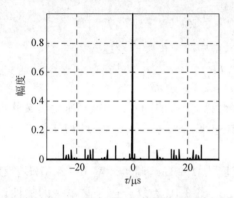

图 3-12　伪码-线性调频信号距离模糊函数图

图 3-13　GOLD 序列($P=31$)距离模糊函数图

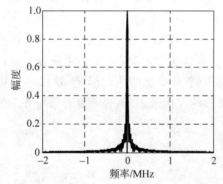
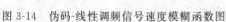
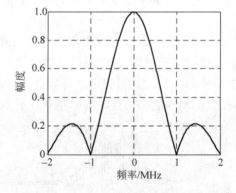

图 3-14　伪码-线性调频信号速度模糊函数图

图 3-15　LFM 信号速度模糊函数图

10. FSK/PSK 信号

科斯塔斯(COSTAS)码因其具有近似理想的"图钉"型模糊函数在雷达频率捷变信号波形设计中获得了广泛的应用。巴克(Barker)码具有非常理想的非周期自相关函数,但其长度太短,限制了它的实际应用,当雷达的安全性需要考虑时,巴克码多以与其他码型进行组合的形式出现。在实际中,FSK/PSK 复合信号大多采用这两种编码方式对频率和相位进行调制。因此在后面的分析中,我们采用这两种编码序列进行仿真分析。

FSK/PSK 复合信号是对信号进行 FSK 调制的基础上,在每个频点上再进行 PSK 调

制，其信号时频关系如图 3-16 所示，所以 FSK/PSK 复合信号可表示为

$$u(t) = \frac{1}{\sqrt{N_B N_F}} \sum_{j=0}^{N_F-1} \sum_{k=0}^{N_B-1} b_k \upsilon(t - jT_F - kT_B) e^{j(2\pi f_j t + \theta_j)} \tag{3-35}$$

式中，N_B 为伪码序列位数，N_F 为跳频序列位数，$b_k = \{+1, -1\}$ 为二进制伪码序列，T_B 为码元宽度，跳频周期 $T_F = N_B T_B$，$f_j = c_j \Delta f$ 为跳频频率。其中，c_j 为跳频序列，Δf 为倍频分量，$\upsilon(t) = \frac{1}{\sqrt{T_B}} \text{rect}\left(\frac{t}{T_B}\right)$ 为子脉冲函数，为简化运算取初相 $\theta_j = 0$。

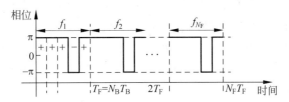

图 3-16 FSK/PSK 复合信号时频关系

FSK/PSK 复合信号的频谱为伪码调相信号频谱按照跳频序列搬移并叠加的结果：

$$U(f) = \frac{1}{\sqrt{N_F}} \sum_{j=0}^{N_F-1} U_B(f - f_j) \tag{3-36}$$

式中，$U_B(f)$ 为伪码调相信号的频谱：

$$U_B(f) = \sqrt{\frac{T_B}{N_B}} \text{sinc}(fT_B) e^{j\pi fT_B} \left[\sum_{k=0}^{N_B-1} b_k e^{-j2\pi fkT_B} \right] \tag{3-37}$$

由式（3-37）可知，与采用单一调制方式的信号相比，复合信号具有更大的带宽、更低的峰值功率。而灵活多变的伪码序列和跳频序列使复合信号具有很强的保密性，良好的低截获性能以及更好的抗干扰能力。

根据模糊函数定义，可得 FSK/PSK 复合信号模糊函数为

$$\chi(\tau, f_d) = \int_{-\infty}^{\infty} u(t) u^*(t + \tau) e^{j2\pi f_d t} dt$$

$$= \frac{1}{N_B N_F T_B} \int_{-\infty}^{\infty} \sum_{j=0}^{N_F-1} \sum_{k=0}^{N_B-1} b_k \text{rect}\left[\frac{t - jT_F - kT_B}{T_B}\right] e^{j2\pi f_j t} \cdot$$

$$\sum_{i=0}^{N_F-1} \sum_{l=0}^{N_B-1} b_l \text{rect}\left[\frac{t + \tau - iT_F - lT_B}{T_B}\right] e^{-j2\pi f_i(t+\tau)} e^{j2\pi f_d t} dt \tag{3-38}$$

令 $t' = t - jT_F - kT_B$，则上式整理得：

$$\chi(\tau, f_d) = \frac{1}{N_B N_F T_B} \sum_{j=0}^{N_F-1} \sum_{k=0}^{N_B-1} \sum_{i=0}^{N_F-1} \sum_{l=0}^{N_B-1} b_k b_l e^{j2\pi f_i \tau} e^{j2\pi(f_d + f_j - f_i)(jT_F + kT_B)} \cdot$$

$$\chi_P(\tau + (j - i)T_F + (k - l)T_B, f_d + f_j - f_i) \tag{3-39}$$

式中，$\chi_P(\tau, f_d)$ 是单载频矩形脉冲的模糊函数，由上式可以看出，FSK/PSK 复合信号的模糊函数是由一系列单载频矩形脉冲模糊函数经频移、延时再加权求和得到的。

令 $\tau = 0$，得到速度模糊函数为

$$\chi(0, f_d) = \int_{-\infty}^{\infty} u(t) u^*(t) e^{j2\pi f_d t} dt = \int_{-\infty}^{\infty} |u(t)|^2 e^{j2\pi f_d t} dt$$

$$= \frac{1}{N_B N_F T_B} \int_0^{N_B N_F T_B} \mathrm{e}^{\mathrm{j}2\pi f_\mathrm{d} t} \mathrm{d}t$$

$$= \mathrm{sinc}(N_B N_F T_B f_\mathrm{d}) \tag{3-40}$$

用 $-4\mathrm{dB}$ 宽度表示速度名义分辨率为 $1/N_B N_F T_B$,而对于距离分辨率,根据雷达分辨理论,FSK/PSK 复合信号距离分辨率为 $1/B$,复合信号带宽为 $N_F \Delta f$,所以距离名义分辨率 $1/N_F \Delta f$,通过改变信号参数,如频率调制周期、倍频分量、序列数目等可以改善距离速度分辨率。

仿真条件:二相码采用重复 10 个周期的 13 位巴克码,$N_B=130$,$T_B=1\mathrm{ms}$;跳频序列采用 COSTAS 码,$N_F=10$,跳频序列 $c=\{c_1,c_2,\cdots,c_{NF}\}=\{1,2,4,8,5,10,9,7,3,6\}$,$\Delta f=1\mathrm{kHz}$,$T_F=130\mathrm{ms}$,采样频率 $f_s=5\mathrm{MHz}$。图 3-17 为 COSTAS 频率编码信号的功率谱图,图 3-18 为 FSK/PSK 复合信号功率谱图,由图可见,复合信号功率谱不会出现大的功率点,每个频点上的 PSK 调制使频谱展宽。

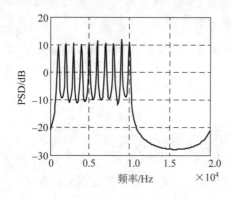
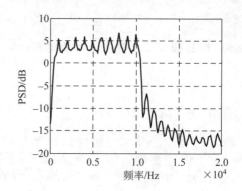

图 3-17　COSTAS 频率编码信号功率谱　　　图 3-18　FSK/PSK 复合信号功率谱

图 3-19 为 COSTAS 频率编码信号模糊图,图 3-20 为复合信号模糊图,两图都具有"图钉型"模糊图,但复合信号模糊旁瓣更低、更均匀,这是因为编码对离散旁瓣的抑制效果。图 3-21 为 COSTAS 频率编码信号距离模糊函数图,图 3-22 为 FSK/PSK 复合信号距离模糊函数图,因为编码的影响,虽然复合信号的距离分辨率没有改善,但模糊旁瓣得到抑制,模糊基底更加均匀。图 3-23 为 COSTAS 频率编码信号速度模糊函数图,图 3-24 为 FSK/PSK 复合信号速度模糊函数图,由图可见,对频点上进行相位编码对速度分辨率没有影响。

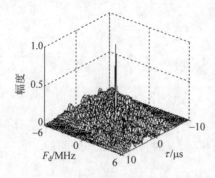
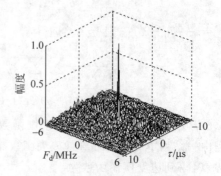

图 3-19　COSTAS 频率编码信号模糊图　　　图 3-20　FSK/PSK 复合信号模糊图

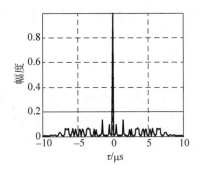

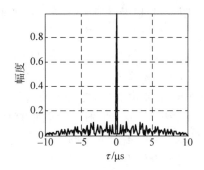

图 3-21　COSTAS 频率编码信号距离模糊函数图　　图 3-22　FSK/PSK 复合信号距离模糊函数图

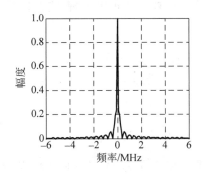

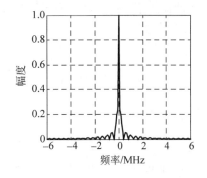

图 3-23　COSTAS 频率编码信号速度模糊函数图　　图 3-24　FSK/PSK 复合信号速度模糊函数图

3.3　脉冲重复间隔变化

3.3.1　脉冲重复间隔

同一个雷达辐射源的相邻两个脉冲到达时间的间隔称为脉冲重复间隔(PRI)，PRI 是雷达脉冲信号的重要参数，常被作为信号分选的主要依据。随着电子信息技术的发展，不同雷达系统的 PRI 可能存在多种不同的工作模式和调制方式，常见的有 PRI 固定模式、PRI参差模式、PRI 滑变模式、PRI 抖动模式、PRI 脉组捷变模式以及 PRI 正弦调制模式等。

3.3.2　PRI 调制方式及特点

1. PRI 固定模式

雷达的脉冲重复间隔是一个固定的长度，不随时间发生变化，即：

$$\text{PRI}_i \equiv \text{PRI} \quad i = 1, 2, \cdots \tag{3-41}$$

此种 PRI 固定模式的雷达脉冲信号的时域形式可表示为如图 3-25 所示。

图 3-25　PRI 固定模式雷达脉冲信号 TOA

由式(3-41)以及图 3-25 可知,对于采用该模式的第 n 个雷达脉冲信号的到达时间可表示为

$$TOA_n = TOA_{n-1} + PRI \tag{3-42}$$

2. PRI 参差模式

在 PRI 参差模式中,雷达脉冲信号存在两个或两个以上的脉冲重复间隔,将不同的脉冲重复间隔按照一定的顺序排列,重复地利用这些排列产生脉冲信号,信号的重复周期称为帧周期,帧周期内各个不同的 PRI 称为子周期。对于子周期个数为 k 的 PRI 参差脉冲信号,帧周期可表示为

$$PRI_s = \sum_{i=1}^{k} PRI_i \tag{3-43}$$

在此种模式下,帧周期为一个固定值,脉冲信号按照帧周期重复出现,它的时域形式可表示为如图 3-26 所示。

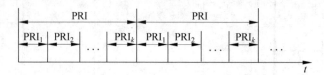

图 3-26 PRI 参差模式雷达脉冲信号 TOA

由图 3-26 可知,采用 PRI 参差模式的第 n 个雷达脉冲信号的到达时间可以表示为

$$TOA_n = TOA_{n-1} + PRI_{n-1} \tag{3-44}$$

3. PRI 滑变模式

雷达脉冲信号的脉冲重复间隔单调地增加(或减小),当达到重复间隔的最大值(或最小值)时,迅速切换到重复间隔的最小值(或最大值),这种模式被称为 PRI 滑变模式。此时的 PRI 可表示为

$$PRI_i = PRI_{i-1} + \Delta \quad (i = 1, 2, \cdots, k) \tag{3-45}$$

式中,Δ 表示脉冲重复间隔的增量。同样,该模式下也存在一个大的脉冲重复周期,此重复周期可表示为

$$PRI_s = \sum_{i=1}^{k} (PRI_0 + i\Delta) \tag{3-46}$$

PRI 滑变模式下的雷达脉冲时域形式可表示为如图 3-27 所示。

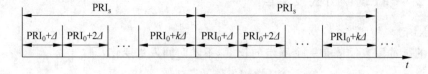

图 3-27 PRI 滑变模式雷达脉冲信号 TOA

由式(3-45)以及图 3-27 可知,采用此种模式的第 n 个雷达脉冲信号的到达时间可以表示为

$$TOA_n = TOA_{n-1} + PRI_{n-1} \tag{3-47}$$

4. PRI 抖动模式

雷达脉冲信号的脉冲重复间隔围绕一个中心值,在一定范围内进行随机变化,该脉冲重复模式被称为 PRI 抖动模式,此时 PRI 可以表示为:

$$PRI_i = PRI_0 + \delta_i \quad i = 1,2,\cdots \tag{3-48}$$

式中,PRI_0 为脉冲重复间隔的中心值,δ_i 为不超过设定的抖动门限并按照一定的分布(高斯分布、均匀分布等)产生的随机变量。PRI 抖动模式下雷达脉冲信号的时域形式可表示为:

由式(3-48)以及图 3-28 可知,采用此种模式的第 n 个雷达脉冲信号的到达时间可以表示为

$$TOA_n = TOA_{n-1} + PRI_0 + \delta_{n-1} \tag{3-49}$$

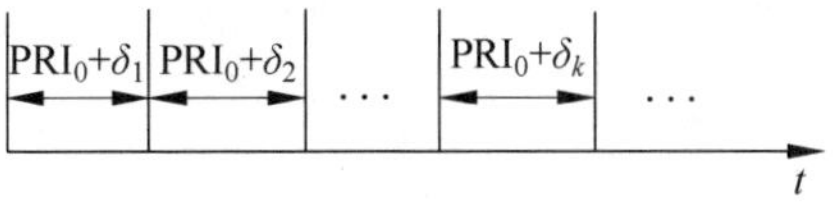

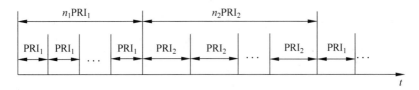

图 3-28　PRI 抖动模式雷达脉冲信号 TOA

5. PRI 脉组捷变模式

雷达脉冲信号的 PRI 由多个固定 PRI 构成,一般从第一个固定 PRI 开始,持续一定的个数,然后切换至下一个固定 PRI,直至切换到最后一个固定 PRI 并持续一定的脉冲个数后,再切换至第一个固定 PRI。下面以两个固定 PRI 为例,简单说明该模式下雷达脉冲的时域形式,如图 3-29 所示。

图 3-29　PRI 脉组捷变模式雷达脉冲信号 TOA

6. PRI 正弦调制模式

在 PRI 抖动模式中,有些雷达脉冲信号的脉冲重复间隔不是随机抖动,而是以正弦曲线作为中心 PRI_0 的抖动量,此时即称为 PRI 正弦调制模式。该模式下的 PRI 可以表示为:

$$PRI_i = PRI_0 + A_m \sin(2\pi v \times PRI_0 \times i + \phi) \quad i = 0,1,2,\cdots \tag{3-50}$$

式中,PRI_0 为调制均值,A_m 为调制的幅度,即抖动的范围,v 是正弦调制的速度,决定了一个调制周期内的脉冲个数,ϕ 为初始相位。由于正弦信号是一个周期信号,所以抖动中心其实就是脉冲重复间隔的平均值,而且该类型调制信号也存在一个大的重复周期。此时第 n 个脉冲的到达时间可以表示为

$$TOA_n = TOA_{n-1} + PRI_{n-1} = TOA_{n-1} + PRI_0 + A_m \sin[2\pi v \times PRI_0 \times (n-1) + \phi] \tag{3-51}$$

不同的雷达系统可能采取不同的 PRI 工作模式和调制方式,但是归根结底,主要有两方面的原因:一方面是为了干扰非合作方信息的获取,增加非合作方的分选识别难度;另一方面是通过这些处理,将一个较小的 PRI 转换成一个较大的重复周期,从而解决雷达探

测中的距离模糊和速度模糊问题。传统的雷达脉冲信号分选方法通过估计雷达脉冲信号的 PRI,利用估计的 PRI 去交错来完成雷达脉冲信号的分选工作。当 PRI 存在复杂的调制情况时,传统方法不能正确估计雷达脉冲信号的 PRI,从而不能正确完成对雷达脉冲信号的分选工作。

3.4　本章小结

本章主要对雷达信号的波形和脉冲重复间隔进行了详细介绍,重点介绍了 10 种典型的雷达脉内信号以及 6 种常见的 PRI 重复间隔的变化规律。通过本章内容为后续的雷达侦察信号分析与处理建立基础。

参考文献

［1］　Nadav Levanon, Eli Mozeson. Radar signals［M］. John Wiley & Sons, Inc., Hoboken, New Jersey,2004.

［2］　张国柱.雷达辐射源识别技术研究[D].长沙：国防科学技术大学,2005.

［3］　余志斌.基于脉内特征的雷达辐射源信号识别研究[D].成都：西南交通大学,2005.

第4章

信号分析处理数学基础

4.1　本章引言

　　雷达信号是典型的非平稳信号,传统的时域和频域分析方法只能获取有限的信号信息。为了深入分析雷达信号,尤其是雷达脉内的信号特征,需要进一步研究对非平稳信号参数提取、分析处理的数学工具。本章主要对本书用到的主要数学方法进行介绍,主要包括时频分析、高阶统计量、蒙特卡洛马尔科夫链(MCMC)、支持向量机分类器(SVM)等。其中,时频分析方法同时从时域和频域来描述信号,将一维时域信号映射到二维时频面上,在时频域上对信号进行分析和处理,是处理非平稳信号的有效工具。高阶累积量因为能有效抑制高斯噪声,从而提高信号检测和参数估计性能,在信号处理中获得了广泛的应用。MCMC 基于马尔科夫链蒙特卡洛模拟方法,它是一种特殊的蒙特卡洛积分模拟方法,将马尔科夫过程引入到蒙特卡洛模型中,实现动态模拟与参数估计。SVM 分类器设计在处理小样本、非线性及高维特征的问题上表现出了其他分类算法不具备的独特优势,已经成为模式识别和机器学习领域研究的新热点,广泛应用于雷达辐射源识别分类领域。

　　本章主要介绍书中涉及的基础理论知识,为后续章节的展开提供基础。

4.2　时频分析工具

　　在传统的信号处理中,主要在时域和频域对信号进行分析。信号的时域表示是最传统也是最重要的信号表示形式,揭示了信号随时间的变化关系;信号的频域表示主要通过傅里叶变换,将信号分解为不同的频率分量,从而在频域中来分析信号。傅里叶变换揭示了信号频率和能量之间的变化关系,反映了信号在整个时间范围内的“全部”频谱成分。然而傅里叶变换是一个整体变换,不能告诉人们什么时候,在什么频率分量发生了怎样的变化,即傅里叶变换没有时间局域化的能力。1946 年,Gabor 在其经典论文 Theory of Communication 中强调指出:

　　“迄今为止,通信理论的基础一直是由信号分析的两种方法组成的,一种是将信号描述成时间的函数,另一种是描述成频率的函数(傅里叶分析)。这两种方法都是理想化的……

然而,我们每一天的经历——特别是我们的听觉——却一直是用时间和频率两者来描述信号的。"

当信号不是确定的时间函数,即信号在任意时刻都是一个服从某种分布的随机变量时,则称该信号为随机信号,在实际的工程实践中绝大多数信号都需要采用随机信号模型进行处理。对于随机信号,其统计量发挥着极其重要的作用,最常用的统计量有均值(一阶统计量)和相关函数与功率谱密度(二阶统计量),此外还有三阶、四阶等高阶矩、高阶累积量。随机信号 $x(t)$ 构成一个 n 维随机变量 $\{x(t_1),x(t_2),\cdots,x(t_n)\}$,若该 n 维随机变量的联合分布函数与 $\{x(t_1+\tau),x(t_2+\tau),\cdots,x(t_n+\tau)\}$ 的联合分布函数对所有 $t_1,t_2,\cdots,t_n$ 和 $\tau\in T$ 都相同,则 $\{x(t),t\in T\}$ 称为严格平稳随机信号,也称为狭义平稳信号。当随机信号 $x(t)$ 满足:

$$E\{\mid x(t)\mid^2\}=m<\infty$$
$$E\{x(t)\}=E\{x(t+\tau)\},\quad \tau\in R$$
$$E\{x(t_1)x^*(t_2)\}=E\{x(t_1+\tau)x^*(t_2+\tau)\},\quad \tau\in R \tag{4-1}$$

则称 $x(t)$ 为广义平稳信号;如果信号不是广义平稳的,则称它为非平稳信号。随着现代信号处理技术的发展,传统的平稳信号分析和处理方法已经不能完全满足需求,许多天然和人工的信号,譬如语音、生物医学信号、雷达和声呐信号等都是典型的非平稳信号,其特点是持续时间有限,并且是时变的。我们采用傅里叶变换对信号进行分析的前提是假设信号是平稳的,对于非平稳信号,传统的傅里叶变换不能对其进行有效描述。为了能够同时在时域和频域描述信号,学者们提出了时频分析的方法。时频分析着眼于真实信号组成成分时变的谱特征,将一维的时域信号转化为二维的时间和频率密度函数,旨在揭示信号能量随时间和频率的变化关系。由于时频分布对非平稳信号分析的独特优势,引起了人们广泛的关注,提出了众多时频分析方法。常见的时频分析方法有短时傅里叶变换、魏格纳-威尔分布、Cohen 类时频分布、重排类时频分布等等,本节将对其进行简要介绍。

4.2.1 短时傅里叶变换

在传统的傅里叶变换中,信号以一组正弦基函数表示,而正弦基是扩展在整个时域中的,因此,傅里叶变换不能准确地指出信号中频率成分出现的时间位置。为了克服传统傅里叶变换的这一不足,最简单的方法就是对信号进行分段处理,这种分段傅里叶变换法称为短时傅里叶变换(STFT)。其基本思想是:把非平稳信号看成是一系列短时平稳信号的叠加,短时性是通过时域上的加窗来实现的,并通过一个平移参数来覆盖整个时域。

对于给定的非平稳信号 $s(t)$,其短时傅里叶变换定义为

$$\text{STFT}_s(t,\omega)=\int_{-\infty}^{\infty}s(\tau)h(\tau-t)e^{-j\omega\tau}d\tau \tag{4-2}$$

其中,$h(t)$ 称为窗函数。短时傅里叶变换的频谱图定义为在 t 时刻信号的能量密度谱,即:

$$P_{\text{STFT}_s}(t,\omega)=\frac{1}{2\pi}\mid\text{STFT}_s(t,\omega)\mid^2=\frac{1}{2\pi}\left|\int_{-\infty}^{\infty}s(\tau)h(\tau-t)e^{-j\omega\tau}d\tau\right|^2 \tag{4-3}$$

与短时傅里叶变换类似,为研究某一特定频率的时间特性,也可以定义短频傅里叶变换(Short Frequency Fourier Transform,SFFT),即

$$\text{SFFT}_{\hat{s}}(t,\omega)=\frac{1}{2\pi}\int_{-\infty}^{\infty}\hat{s}(\theta)\hat{h}(\omega-\theta)e^{j\theta t}d\theta \tag{4-4}$$

其中 $\hat{h}(\omega) = \int_{-\infty}^{\infty} h(t)\mathrm{e}^{-\mathrm{j}\omega t}\,\mathrm{d}t$ 称为频窗函数。式(4-4)表明在频域中信号 $\hat{s}(\omega)$ 通过窗口函数 $\hat{h}(\omega)$ 的加窗作用,获得了 $\hat{s}(\omega)$ 在频率 ω 附近的局部信息。

利用帕赛瓦尔恒等式,短时傅里叶变换的定义式可改为

$$\mathrm{STFT}_s(t,\omega) = \int_{-\infty}^{\infty} s(\tau)h(\tau-t)\mathrm{e}^{-\mathrm{j}\omega\tau}\,\mathrm{d}\tau = \int_{-\infty}^{\infty} s(\tau)h_{\omega,t}^*(\tau)\mathrm{d}\tau = <s,h_{\omega,t}>$$

$$= \frac{1}{2\pi}<\hat{s},\hat{h}_{\omega,t}> = \frac{1}{2\pi}\int_{-\infty}^{\infty} \hat{s}(\eta)\left[\hat{h}^*(\omega-\eta)\mathrm{e}^{\mathrm{j}(\omega-\eta)t}\right]^*\mathrm{d}\eta$$

$$= \frac{1}{2\pi}\mathrm{e}^{-\mathrm{j}\omega t}\int_{-\infty}^{\infty} \hat{s}(\eta)\,\hat{h}(\omega-\eta)\mathrm{e}^{\mathrm{j}\eta t}\,\mathrm{d}\eta \tag{4-5}$$

式中, $h_{\omega,t}(\tau) = h^*(\tau-t)\mathrm{e}^{\mathrm{j}\omega t}$, $\hat{h}_{\omega,t}$ 是 $h_{\omega,t}$ 的傅里叶变换。因此,对同样的窗函数 $h(t)$,信号 $s(t)$ 的短时傅里叶变换与短频傅里叶变换有如下关系

$$\mathrm{STFT}_s(t,\omega) = \mathrm{e}^{-\mathrm{j}\omega t}\mathrm{SFFT}_{\hat{s}}(t,\omega) \tag{4-6}$$

式(4-6)表明短时傅里叶变换除了相位因子 $\mathrm{e}^{-\mathrm{j}\omega t}$ 之外与短频傅里叶变换是一样的,因此,短频傅里叶变换对应的能量谱密度与短时傅里叶变换的频谱图相同,将频谱图作为一种时频联合分布 $P_{\mathrm{STFT}_s}(t,\omega)$,即

$$P_{\mathrm{STFT}_s}(t,\omega) = \frac{1}{2\pi}\mid\mathrm{STFT}_s(t,\omega)\mid^2 = \frac{1}{2\pi}\mid\mathrm{SFFT}_{\hat{s}}(t,\omega)\mid^2 \tag{4-7}$$

利用这种时频联合分布来分析非平稳信号的时变特性,其优点一是物理意义明确,对许多信号能够给出与我们的直观感知相符的时频构造;二是短频傅里叶变换是线性变换,不会出现交叉项;三是能够利用 FFT 快速算法,计算效率较高。该方法的主要缺陷是:对应一定的时刻,只是对其附近窗口内的信号作分析,若选择的窗函数窄(即时间分辨率高),则频率分辨率降低;而如果为了提高频率分辨率使窗变宽,那么伪平稳假设的近似程度便会变差,短时傅里叶变换存在时间分辨率和频率分辨率的矛盾,必须在时域和频域局部化矛盾中求得一种折中。

因为短频傅里叶变换与短时傅里叶变换的时频联合分布 $P_{\mathrm{STFT}_s}(t,\omega)$ 相等,考查短频傅里叶变换定义式(4-8),可改写为

$$\mathrm{STFT}_{\hat{s}}(t,\omega) = \frac{1}{2\pi}\int_{-\infty}^{\infty} \hat{s}(\theta)\,\hat{h}(\omega-\theta)\mathrm{e}^{\mathrm{j}\theta t}\,\mathrm{d}\theta = \frac{1}{2\pi}s(t)*\left[h(t)\mathrm{e}^{\mathrm{j}\omega t}\right] \tag{4-8}$$

式中, $h(t)$ 可以看作低通滤波器冲激响应, $h(t)\mathrm{e}^{\mathrm{j}\omega t}$ 相当于中心频率为 ω 的带通滤波器,所以,短频傅里叶变换可以看作是信号通过一组并联滤波器组的输出结果,滤波器组的频移步长可以选择为1,即逐点滑动,此时有最多的数据重叠,但运算量大,也可以选择不重叠方式或 50% 重叠,此时运算量减少,但较少的重叠可能会丢失信息。3 种处理方式如图 4-1 所示。

为减少运算量并使可能丢失信息的概率较小,可以选择如图 4-1 (b)所示的 50% 重叠方式进行处理,滤波器输出后,为降低数据速率可对数据进行抽取,根据多相滤波器理论,可将抽取移至滤波之前进行,当采用 50% 重叠多相滤波器结构,需重新推导其结构如下。

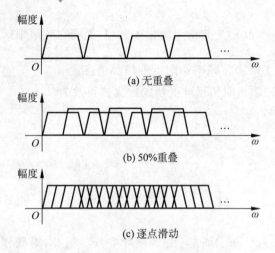

图 4-1 滤波器组处理方式

如图 4-2 所示,重写第 k 路的输出为

$$v_k(n) = \sum_{i=-\infty}^{\infty} x(i)h_0(n-i)\mathrm{e}^{\mathrm{j}\omega_k i} \tag{4-9}$$

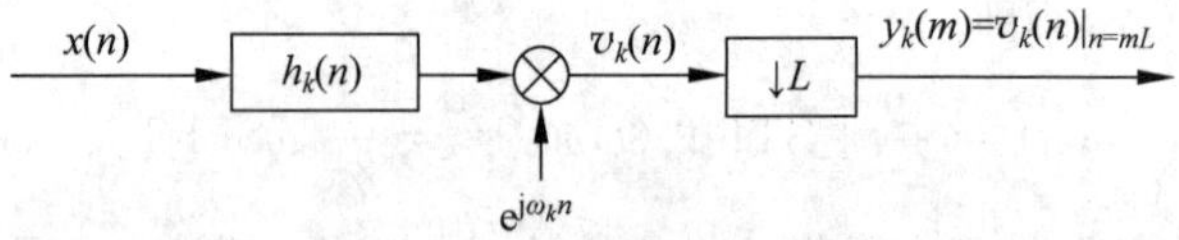

$$x(n) \rightarrow \boxed{h_k(n)} \rightarrow \otimes \xrightarrow{v_k(n)} \boxed{\downarrow L} \xrightarrow{y_k(m)=v_k(n)|_{n=mL}}$$
$$\mathrm{e}^{\mathrm{j}\omega_k n}$$

图 4-2 第 k 路滤波器示意图

设信道数为 L,抽取倍数为 D,则:

$$y_k(m) = v_k(n)\big|_{n=mD}$$
$$= \sum_{i=-\infty}^{\infty} x(i)[h_0(mD-i)]\mathrm{e}^{\mathrm{j}\omega_k i} \tag{4-10}$$

令 $i=rL-\rho,\rho=0,1,\cdots,L-1;\ -\infty\leqslant r\leqslant\infty$,则:

$$y_k(m) = \sum_{\rho=0}^{L-1} s(\rho,m)\mathrm{e}^{\mathrm{j}\omega_k(rL-\rho)} \tag{4-11}$$

式中:

$$s(\rho,m) = \sum_{r=-\infty}^{\infty} x(rL-\rho)[h_0(mD-rL+\rho)] \tag{4-12}$$

当 $D=L$ 时,只需要最大抽取多相滤波器组就可以得到结果。当采用 50% 重叠,即 $D=L/2$ 时,继续讨论式(4-12),令

$$m = \begin{cases} 2n \\ 2n+1 \end{cases} \quad n=0,1,\cdots$$

则:

$$s(\rho,m) = \begin{cases} \displaystyle\sum_{r=-\infty}^{\infty} x(rL-\rho)[h_0(nL-rL+\rho)] & m=2n \\ \displaystyle\sum_{r=-\infty}^{\infty} x(rL-\rho)[h_0(nL-rL+\rho+D)] & m=2n+1 \end{cases} \tag{4-13}$$

式(4-13)分为两部分：上半部分代表输出序列的偶数部分，下半部分为输出序列的奇数部分。每一个部分都对应一个 L 倍抽取的多相结构，求偶数部分的多相结构如图 4-3 所示，求奇数序列的多相结构与该图相同，只是将低通原型滤波器平移了 D 位，这样，就可以通过两个最大抽取的多相滤波器组完成对信号的 50% 重叠的信道划分。这个结果可以类推至一般情况，当抽取比 $F=L/D$ 时，这时可以用 F 个最大抽取的多相滤波器组得到最终的输出信号。

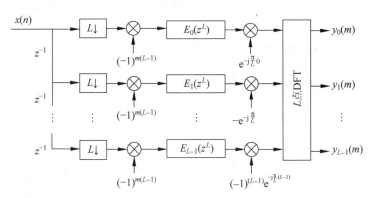

图 4-3 多相滤波信道化高效结构

4.2.2 魏格纳-威尔时频分布

魏格纳-威尔分布(Wigner-Ville Distribution, WVD)是一种最基本，也是应用最多的时频分布。WVD 最早由 Wigner 在量子力学领域中提出，Ville 将其作为一种信号分析工具引入，故而被称为魏格纳-威尔分布。对于单分量的线性调频信号，WVD 具有理想的时频聚集性，所以自其被提出以来就得到广泛的关注。

为了体现非平稳信号的局部时变特性，对相关函数作滑窗处理，得到时变的局部相关函数：

$$R(t,\tau) = \int_{-\infty}^{\infty} s\left(u+\frac{\tau}{2}\right) s^*\left(u-\frac{\tau}{2}\right) \phi(u-t,\tau) \mathrm{d}u \tag{4-14}$$

若窗函数取时间冲击函数 $\phi(u-t,\tau)=\delta(u-t)$，对 τ 不加限制，而在时域取瞬时值，则此时：

$$R(t,\tau) = \int_{-\infty}^{\infty} s\left(u+\frac{\tau}{2}\right) s^*\left(u-\frac{\tau}{2}\right) \delta(u-t) \mathrm{d}u = s\left(t+\frac{\tau}{2}\right) s^*\left(t-\frac{\tau}{2}\right) \tag{4-15}$$

对时变局部相关函数作傅里叶变换，即可得到 WVD，其表达式如下：

$$\mathrm{WVD}(t,f) = \int s(t+\tau/2) s^*(t-\tau/2) \mathrm{e}^{-\mathrm{j}2\pi f\tau} \mathrm{d}\tau \tag{4-16}$$

WVD 的时间带宽积达到 Heisenberg 不确定原理给出的下界，因此具有最理想的时频分辨率。魏格纳-威尔分布具有很多优良的时频分布性质，如实值性、时移不变性、频移不变性、时间边缘特性和频率边缘特性等等[12]。然而在信号频率随时间呈非线性变化，以及信号包含多个分量时，WVD 会产生交叉项。交叉项的存在会干扰真实信号的特征，使得对时频分布的分析、解释变得困难。设有 n 个分量信号 $x(t) = \sum_{k=1}^{n} x_k(t)$，可以得到多分量信号的 WVD：

$$\mathrm{WVD}_x(t,f) = \sum_k \mathrm{WVD}_{x_k}(t,f) + \sum_k \sum_{l \neq k} 2\mathrm{Re}\big[\mathrm{WVD}_{x_k x_l}(t,f)\big] \tag{4-17}$$

上式中 $\mathrm{WVD}_{x_k}(t,f)$ 为第 k 个信号分量的 WVD，共有 n 项。$\mathrm{WVD}_{x_k x_l}(t,f)$ 表示第 k 个信号分量和第 l 个信号分量之间的 WVD，即为交叉项，对于 n 分量信号，则会产生 C_n^2 个交叉项，交叉项是二次型时频分布固有的结果，其主要有以下两个特点：

（1）交叉项是实的，混杂在自项成分之间，且幅度是自项成分的两倍。

（2）交叉项是振荡型，每两个信号分量就会产生一个交叉项。

图 4-4(a)为一个两分量线性调频信号的 WVD，可以看出其时频分辨率比较高，但是同时在两个线性调频信号之间产生了交叉项，这不利于我们对信号的分析和理解。对此众多学者在 WVD 的基础上提出了许多抑制交叉项的时频分析方法。

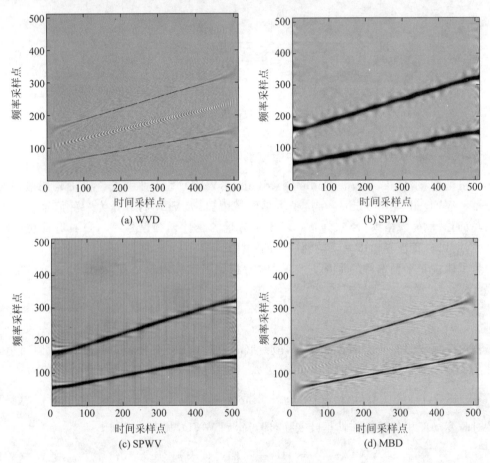

图 4-4　多分量信号的时频变换

4.2.3　Cohen 类时频分布

Cohen 发现众多的时频分布只是 WVD 的变形，因此可以用统一的形式表示，不同的时频分布只是对 WVD 加上不同的核函数而已。文献[2]已证明不含交叉项且具有魏格纳-威尔分布时频分辨率的时频分布是不存在的，因而 Cohen 类时频分布通过核函数 $\varPhi(t,\tau)$ 对

WVD 进行平滑,在抑制交叉项和保持高时频分辨率之间做一个折中,其定义为:

$$C(t,f) = \iint_{-\infty}^{\infty} \Phi(t-t',\tau)\left[s(t-t'-\tau/2)s^*(t-t'+\tau/2)\right]\mathrm{e}^{-\mathrm{j}2\pi f\tau}\mathrm{d}t'\mathrm{d}\tau \quad (4\text{-}18)$$

所有的 Cohen 类时频分布都可以通过对 WVD 的时频二维卷积得出,如伪魏格纳-威尔分布(PWD)、平滑 Wigner-Vine 分布(SWD)、平滑伪魏格纳-威尔分布(SPWD)、锥形分布(CSD)、Page 分布(PD)、Choi-Williams 分布(CWD)、B 分布(BD)以及改进的 B 分布(MBD)等等,以下重点介绍 SPWD、CWD 和 MBD。

1. 平滑伪 Wigner-Vine 分布

对变量 t 和 τ 分别加窗函数 $h(\tau)$ 和 $g(\tau)$ 做平滑即得到 SPWD:

$$\mathrm{SPWD}(t,f) = \int_{-\infty}^{\infty}\int_{-\infty}^{\infty} s\left(t-u+\frac{\tau}{2}\right)s^*\left(t-u-\frac{\tau}{2}\right)h(\tau)g(u)\mathrm{e}^{-\mathrm{j}2\pi\tau}\mathrm{d}\tau\mathrm{d}u \quad (4\text{-}19)$$

式中 $h(\tau)$ 和 $g(\tau)$ 是两个实的偶窗函数,且 $h(0)=g(0)=1$。

2. Choi-Williams 分布

Choi-Williams 分布是一种能够有效抑制交叉项的时频分析方法,其表达式如下:

$$\mathrm{CWD}(t,\omega) = \iint \frac{1}{\sqrt{4\pi\tau^2/\sigma}}\exp\left[-\frac{(t-u)^2}{4\tau^2/\sigma}\right]s\left(t+\frac{\tau}{2}\right)s^*\left(t-\frac{\tau}{2}\right)\mathrm{e}^{-\mathrm{j}\omega\tau}\mathrm{d}u\mathrm{d}\tau \quad (4\text{-}20)$$

式中 σ 为衰减系数,它与交叉项的幅值成比例关系。当 $\sigma\to\infty$ 时,式(4-20)就等效成为魏格纳-威尔分布,此时具有最高的时频聚集性,但信号间的交叉项也最为严重;反之,σ 越小,交叉项的衰减就越大,信号时频聚集性越低。

3. 改进的 B 分布

Hussainn 和 Boashash 于 2002 年提出了一种改进的 B 分布(Modified B Distribution, MBD)的时频分布方法[3],其核函数为:

$$\Phi(t,\tau) = \Phi_\beta(t) = \frac{k_\beta}{\cosh^{2\beta}(t)} \quad (4\text{-}21)$$

其中 $k_\beta = \Gamma(2\beta)/(2^{2\beta-1}\Gamma^2(\beta))$,$\Gamma$ 为 gamma 函数,即:$\Gamma(\beta) = \int_0^\infty t^{\beta-1}\mathrm{e}^{-t}\mathrm{d}t$。参数 $\beta(0<\beta<1)$ 用于控制信号时频分辨率和交叉项的抑制程度,在二者之间取一个折中。MBD 能满足时频分布的大多数特性要求,其核函数满足二维低通特性。从时频分布的时频聚集性、交叉项抑制能力、时频分辨率和噪声抑制能力等综合指标来看,相对其他的二次时频分布,MBD 性能最优。

图 4-4(b)为两分量线性调频信号的 SPWD,可以看出,在两个信号分量之间交叉项几乎没有了,但同时我们也发现信号的时频分辨率比较差。由图 4-4(c)可以看出,CWD 时频聚集性相对要好一些,同时交叉项也得到抑制。图 4-4(d)为信号的 MBD,此时信号的时频分布效果最好,较为准确地描述了信号的时频特性。

4.2.4　重排类时频分布

Cohen 类时频分布提供了很多非平稳信号分析方法,但只能在抑制交叉项和保持高时频分辨率之间做一个折中,为了进一步提高时频分布的可读性,Auger 和 Flandrin 提出了时频重排的方法[4]。Cohen 类时频分布和 WVD 存在以下关系:

$$C(t,f) = \iint \Phi(t',f')W_s(t-t',f-f')\mathrm{d}t'\mathrm{d}f' \quad (4\text{-}22)$$

由式(4-22)可以看出,时频分布 $C(t,f)$ 就是在以 (t,f) 点为中心的邻域内的信号能量平均值,并以核函数 $\Phi(t,f)$ 的基本支撑区为其支撑区。这种求平均的运算使得交叉项衰减的同时,破坏了信号自项成分的集中,使得时频分辨率降低。因此,尽管信号的魏格纳-威尔分布在某时频点 (t,f) 处没有任何能量,但如果在其周围存在非零值,那么经过核函数平滑后 $C(t,f)$ 也会出现非零值。为克服这一缺陷,可以将上述在点 (t,f) 处计算得到的平均值 $C(t,f)$ 搬移到能量的重心所处的位置,其新坐标为

$$\hat{t}(t,f) = t - \frac{\iint t'\Phi(t',f')W_s(t-t',f-f')\mathrm{d}t'\mathrm{d}f'}{\iint \Phi(t',f')W_s(t-t',f-f')\mathrm{d}t'\mathrm{d}f'} \qquad (4\text{-}23)$$

$$\hat{f}(t,f) = f - \frac{\iint f'\Phi(t',f')W_s(t-t',f-f')\mathrm{d}t'\mathrm{d}f'}{\iint \Phi(t',f')W_s(t-t',f-f')\mathrm{d}t'\mathrm{d}f'} \qquad (4\text{-}24)$$

计算对 $C(t,f)$ 修正后的时频分布,从而得到重排类双线性时频分布:

$$C_{\mathrm{M}}(t',f') = \iint C(t,f)\delta(t'-\hat{t}(t,f))\delta(f'-\hat{f}(t,f))\mathrm{d}t\mathrm{d}f \qquad (4\text{-}25)$$

重排类时频分布将局部能量分布看成质量分布,将整体质量(时频谱图的值)分配在区域的重心而不是几何中心,能更准确地描述信号的时频特性。图 4-5 为两个 LFM 叠加信号的时频重排谱图,可以看出其时频聚集性进一步得到提升,交叉项也得到了较好的抑制。

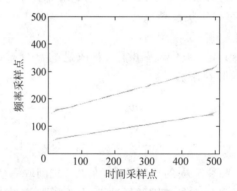

图 4-5　多分量信号的时频重排谱图

4.3　高阶统计量

高阶矩、高阶累积量及它们的谱统称为高阶统计量,在信号处理中获得了广泛的应用,并形成了一个重要的分支。其中,高阶累积量因为能有效抑制高斯噪声,从而提高信号检测和参数估计性能,在信号处理中占有优势。

给定 k 维随机变量 $(x_1,x_2,\cdots,x_k)$,其第一联合特征函数定义为

$$\Phi(\omega_1,\omega_2,\cdots,\omega_k) = E\{\mathrm{e}^{\mathrm{j}(\omega_1 x_1+\omega_2 x_2+\cdots+\omega_k x_k)}\} \qquad (4\text{-}26)$$

其 $r=r_1+r_2+\cdots+r_k$ 阶联合矩为:

$$\begin{aligned} m_{r_1 r_2 \cdots r_k} &= E\{x_1^{r_1} x_2^{r_2} \cdots x_k^{r_k}\} \\ &= (-\mathrm{j})^r \frac{\partial^r \Phi(\omega_1,\omega_2,\cdots,\omega_k)}{\partial \omega_1^{r_1} \omega_2^{r_2} \cdots \omega_k^{r_k}} \bigg|_{\omega_1=\omega_2=\cdots=\omega_k=0} \end{aligned} \qquad (4\text{-}27)$$

类似地,其第二联合特征函数定义为

$$\Psi(\omega_1,\omega_2,\cdots,\omega_k) = \ln\Phi(\omega_1,\omega_2,\cdots,\omega_k) \tag{4-28}$$

其 r 阶联合累积量定义为

$$c_{r_1r_2\cdots r_k} = \mathrm{cum}(x_1^{r_1},x_2^{r_2},\cdots,x_k^{r_k})$$

$$= (-\mathrm{j})^r \left.\frac{\partial^r\ln\Phi(\omega_1,\omega_2,\cdots,\omega_k)}{\partial\omega_1^{r_1}\partial\omega_2^{r_2}\cdots\partial\omega_k^{r_k}}\right|_{\omega_1=\omega_2=\cdots=\omega_k=0} \tag{4-29}$$

实际中常取 $r_1=r_2=\cdots=r_k=1$,即得到 k 维随机变量的 k 阶累积量为

$$c_{1\cdots1} = \mathrm{cum}(x_1,\cdots,x_k) = (-\mathrm{j})^k \left.\frac{\partial^k\ln\Phi(\omega_1,\omega_2,\cdots,\omega_k)}{\partial\omega_1\partial\omega_2\cdots\partial\omega_k}\right|_{\omega_1=\omega_2=\cdots=\omega_k=0} \tag{4-30}$$

对平稳连续随机信号 $x(t)$,令 $x_1=x(t),x_2=x(t+\tau_1),\cdots,x_k=x(t+\tau_{k-1})$,并称 $c_{kx}(\tau_1,\cdots,\tau_{k-1})=c_{1\cdots1}$ 是随机信号 $x(t)$ 的 k 阶累积量。即:

$$c_{kx}(\tau_1,\tau_2,\cdots,\tau_{k-1}) = \mathrm{cum}[x(t),x(t+\tau_1),\cdots,x(t+\tau_{k-1})] \tag{4-31}$$

对于一个高斯随机变量 x,它具有零均值,方差为 σ^2,x 的概率密度函数为

$$f(x) = \frac{1}{\sqrt{2\pi}\sigma}\exp\left(-\frac{x^2}{2\sigma^2}\right) \tag{4-32}$$

故高斯随机变量 x 的矩生成函数为

$$\Phi(\omega) = \int_{-\infty}^{\infty} f(x)\mathrm{e}^{\mathrm{j}\omega x}\,\mathrm{d}x = \mathrm{e}^{-\sigma^2\omega^2/2} \tag{4-33}$$

其累积量生成函数为:

$$\Psi(\omega) = \ln\Phi(\omega) = -\frac{\sigma^2\omega^2}{2} \tag{4-34}$$

其各阶导数为:

$$\Psi'(\omega) = -\sigma^2\omega$$
$$\Psi''(\omega) = -\sigma^2$$
$$\Psi^k(\omega) \equiv 0 \quad k=3,4,\cdots \tag{4-35}$$

将这些值代入式(4-30),得到随机高斯变量各阶累积量为

$$c_1 = 0$$
$$c_2 = \sigma^2$$
$$c_k = 0 \quad k=3,4,\cdots \tag{4-36}$$

这表明,高斯信号的三阶及三阶以上累积量恒等于零,根据高阶累积量的性质,即两个统计独立随机过程之和的累积量等于各个随机过程累积量之和。因此,如果一个非高斯信号 $\{x(n)\}$ 的观测受到与之独立的加性有色高斯噪声 $\{e(n)\}$ 的污染,即 $y(n)=x(n)+e(n)$,那么观测过程的高阶累积量就等于非高斯信号的高阶累积量,即:

$$c_{ky}(\tau_1,\tau_2,\cdots,\tau_{k-1}) = c_{kx}(\tau_1,\tau_2,\cdots,\tau_{k-1}) + c_{ke}(\tau_1,\tau_2,\cdots,\tau_{k-1})$$

$$= c_{kx}(\tau_1,\tau_2,\cdots,\tau_{k-1}) \tag{4-37}$$

上式说明高阶累积量从理论上可以完全抑制高斯有色噪声的影响。而这一结论对高阶矩不成立,因此,高阶累积量在信号处理中获得了更多的应用。

因为当 $k=3$ 时,高斯信号的三阶累积量已经等于零,所以实际中,较少用到四阶以上的矩和累积量,平稳随机信号 $x(t)$ 的三阶矩和三阶累积量分别为

$$m_{3x}(\tau_1,\tau_2) = E\{x(t)x(t+\tau_1)x(t+\tau_2)\} \tag{4-38}$$

$$
\begin{aligned}
c_{3x}(\tau_1,\tau_2) &= \mathrm{cum}\{x(t),x(t+\tau_1),x(t+\tau_2)\} \\
&= m_{3x}(\tau_1,\tau_2) - m_{1x}[m_{2x}(\tau_1) + m_{2x}(\tau_2) + m_{2x}(\tau_1-\tau_2)] + 2m_{1x}^2 \\
&= E\{[x(t)-m_{1x}][x(t+\tau_1)-m_{1x}][x(t+\tau_2)-m_{1x}]\}
\end{aligned}
\tag{4-39}
$$

当随机变量为零均值时，$m_{3x}(\tau_1,\tau_2) = c_{3x}(\tau_1,\tau_2)$。在实际应用中，我们无法知道随机过程各阶累积量的真值，通常只能获得随机过程的一个样本集 $\{x(n); n=1,2,\cdots,N\}$，对各态遍历的平稳随机过程，可以用随机过程的时间平均代替集总平均来计算均值、方差、自相关函数等统计量。同样，对各态遍历的平稳随机过程，其高阶累积量也可由时间平均代替集总平均来估计。对一个有限长样本 $x(n)$，其三阶累积量可估计为：

$$\hat{c}_{3x}(\tau_1,\tau_2) = \frac{1}{N}\sum_{n=1}^{N}[x(n)-\hat{m}_{1x}][x(n+\tau_1)-\hat{m}_{1x}][x(n+\tau_2)-\hat{m}_{1x}] \tag{4-40}$$

其中，$\hat{m}_{1x} = \frac{1}{N}\sum_{n=1}^{N}x(n)$，对零均值信号有 $\hat{m}_{1x}=0$。$\hat{c}_{kx}(\tau_1,\tau_2,\cdots,\tau_{k-1})$ 依概率收敛于 $c_{kx}(\tau_1,\tau_2,\cdots,\tau_{k-1})$ 的充分条件是：$x(n)$ 的前 $2k$ 阶累积量绝对可求和，即：

$$\sum_{\tau_1=-\infty}^{\infty}\sum_{\tau_2=-\infty}^{\infty}\cdots\sum_{\tau_{m-1}=-\infty}^{\infty}|c_{mx}(\tau_1,\tau_2,\cdots,\tau_{m-1})| < \infty \quad m=1,2,\cdots,2k \tag{4-41}$$

此时，$\hat{c}_{kx}(\tau_1,\tau_2,\cdots,\tau_{k-1})$ 是 k 阶累积量的渐进无偏一致估计。对一个零均值信号 $x(n)$，对信号进行分段求三阶累积量估计，得到三阶累积量短时估计为

$$\hat{c}_{3x}(\tau_1,\tau_2;i) = \frac{1}{S_2-S_1+1}\sum_{n=S_1}^{S_2}x_i(n)x_i(n+\tau_1)x_i(n+\tau_2) \tag{4-42}$$

其中：

$$x_i(n) = \begin{cases} x(n)w(n-i) & i-K \leqslant n \leqslant i+K \\ 0 & \text{其他} \end{cases} \tag{4-43}$$

$$
\begin{aligned}
S_1 &= \max\{i-K, i-K-\tau_1, i-K-\tau_2\} \\
S_2 &= \min\{i+K, i+K-\tau_1, i+K-\tau_2\}
\end{aligned}
\tag{4-44}
$$

$w(n)$ 为长度为 $2K+1$ 的窗函数。K 值的选取不能过大，否则会导致计算量过大并在输出中产生较大的误差；而若 K 值太小则不能有效抑制高斯噪声干扰，综合考虑后此处选择 $K=2$ 的布莱克曼窗。

三阶累积量对角切片就是令 $c_{3,x}(\tau_1,\tau_2)$ 中的 $\tau_1=\tau_2=\tau$ 或 $\tau_1=-\tau_2=\tau$ 所得到的三阶累积量，则零均值随机信号 $x(t)$ 的三阶累积量对角切片定义为

$$c_{3x}(\tau,\tau) = E[x(t)x(t+\tau)x(t+\tau)] = E[x(t)x^2(t+\tau)] \tag{4-45}$$

高斯信号的三阶累积量对角切片等于零，但仍保留了信号的有用信息，并且可以使计算复杂度大大降低，因而常选用三阶累积量对角切片短时估计抑制信号中的高斯噪声。因为信号的三阶累积量的绝对值在原点处取得峰值，并且累积量值随着 τ 的增大而迅速减少，即：

$$|c_{3x}(0,0)| \geqslant |c_{3x}(\tau_1,\tau_2)| \tag{4-46}$$

因此，选取函数 $\rho_{3x}(i) = \hat{c}_{3x}(0,0;i) - \hat{c}_{3x}(-1,1;i)$ 用来抑制高斯噪声。选取该函数的原因有两点：一是有用信号的三阶累积量在原点处取得峰值，并且随着 τ 的增大其累积量

值会迅速减少。所以 $\rho_{3x}(i)$ 能够正确反映信号在该点能量大小；二是在对角切片上两点值相减正好能够去除累积量计算中三阶谐波带来的影响，证明如下。

首先将信号分解为正交和同相两个分量，假设信号的同相分量为

$$x_i^c(n) = A\cos(\omega n + \phi) \quad k - K \leqslant n \leqslant k + K \tag{4-47}$$

则有：

$$\hat{c}_{3x}^c(0,0\,;\,i) = \sum_{n=i-K}^{i+K} \left[x_i^c(n)\right]^3$$

$$= \frac{A^3}{4} \sum_{n=i-K}^{i+K} \left[\cos 3(\omega n + \phi) + 3\cos(\omega n + \phi)\right] \tag{4-48}$$

$$\hat{c}_{3x}^c(1,-1\,;\,i) = \sum_{n=i-K}^{i+K} x_i^c(n) x_i^c(n-1) x_i^c(n+1)$$

$$= \frac{A^3}{4} \sum_{n=i-K}^{i+K} \left[\cos(\omega n + \phi) + \cos 3(\omega n + \phi) + \right.$$

$$\left. 2\cos 2\omega \cos(\omega n + \phi)\right] \tag{4-49}$$

同理，假设信号的正交分量为：

$$x_i^s(n) = A\sin(\omega n + \phi) \quad k - K \leqslant n \leqslant k + K \tag{4-50}$$

则有：

$$\hat{c}_{3x}^s(0,0\,;\,i) = \sum_{n=i-K}^{i+K} \left[x_i^s(n)\right]^3$$

$$= \frac{A^3}{4} \sum_{n=i-K}^{i+K} \left[\sin 3(\omega n + \phi) + 3\sin(\omega n + \phi)\right] \tag{4-51}$$

$$\hat{c}_{3x}^s(1,-1\,;\,i) = \sum_{n=i-K}^{i+K} x_i^s(n) x_i^s(n-1) x_i^s(n+1)$$

$$= \frac{A^3}{4} \sum_{n=i-K}^{i+K} \left[\sin(\omega n + \phi) - \sin 3(\omega n + \phi) + 2\cos 2\omega \sin(\omega n + \phi)\right] \tag{4-52}$$

所以，$\rho_{3x}(i)$ 的复数表达式为：

$$\rho_{3x}(i) = \hat{c}_{3x}^c(0,0\,;\,i) + \mathrm{j}\,\hat{c}_{3x}^s(0,0\,;\,i) - \left[\hat{c}_{3x}^c(-1,1\,;\,i) + \mathrm{j}\,\hat{c}_{3x}^s(-1,1\,;\,i)\right]$$

$$= \frac{A^3}{4} \sum_{n=i-K}^{i+K} \left[\mathrm{e}^{-\mathrm{j}3(\omega n+\phi)} + 3\mathrm{e}^{\mathrm{j}(\omega n+\phi)}\right] - \frac{A^3}{4} \sum_{n=i-K}^{i+K} \left[\mathrm{e}^{\mathrm{j}(\omega n+\phi)} + \mathrm{e}^{-\mathrm{j}3(\omega n+\phi)} + 2\cos 2\omega \mathrm{e}^{\mathrm{j}(\omega n+\phi)}\right]$$

$$= \frac{A^3}{4} \sum_{n=i-K}^{i+K} 2(1 - \cos 2\omega) \mathrm{e}^{\mathrm{j}(\omega n+\phi)}$$

$$= A^3 \sin^2(\omega) \sum_{n=i-K}^{i+K} \mathrm{e}^{\mathrm{j}(\omega n+\phi)}$$

$$= A^3 \sin^2(\omega) \frac{\sin[\omega(2K+1)/2]}{\sin(\omega/2)} \mathrm{e}^{\mathrm{j}(\omega K+\phi)} \tag{4-53}$$

由式(4-53)可以看出，检测函数 $\rho_{3x}(i)$ 不含任何三阶谐波分量，因此可以有效减少各频

带之间的混淆影响。

4.4 MCMC 方法

MCMC 是 Markov Chain 蒙特卡洛的简称,即基于马尔科夫链蒙特卡洛模拟方法,它是由 Jacquier、Polson 和 Rossi 提出的一种特殊的蒙特卡洛积分模拟方法,它将马尔科夫过程引入到蒙特卡洛模拟中,实现动态模拟,即抽样分布随模拟的进行而改变[5]。从定义中可以看出 MCMC 方法可以分为两部分:蒙特卡洛和马尔科夫。

近年来 MCMC 方法在贝叶斯统计、显著性检验、极大似然估计方面的应用取得了极大的成就。Mctropolis 和 Hastings 等人在 1953 年提出了著名 M-H 抽样法,1984 年 Sturtoeman 和 Donald Geman 提出了 Gibbs 抽样。这两种抽样方法极大地推动了 MCMC 方法的应用。MCMC 方法给贝叶斯统计带来了一次革命,它实际是通过迭代从参数分量的条件分布中给出一套有效的参数抽样方法。

4.4.1 蒙特卡洛方法

蒙特卡洛方法,是冯·诺依曼在执行美国研制原子弹的"曼哈顿计划"时提出的,并以赌城摩纳哥的"蒙特卡洛"来命名。由于在设计核反应堆和其他核设备的防护设施时需要对六维积分方程求解,而蒙特卡洛方法是求解该方程的唯一方法。蒙特卡洛方法是针对复杂空间上的多维平均的估计值问题,是一种重要的数值计算方法。它以概率统计理论为指导,使用随机数或者更常见的伪随机数,采用统计抽样理论近似地求解数学和物理问题[6]。

蒙特卡洛方法求积分的一般规则如下:任何积分,都可看作某个随机变量的期望值,因此可以用这个随机变量的平均值来近似它[7]。假定要计算一个复杂积分:

$$Z = \int_a^b f(x)\,dx \tag{4-54}$$

设 $q(x)$ 是区间 (a,b) 上的概率密度函数,有

$$Z = \int_a^b \frac{f(x)}{q(x)} q(x)\,dx = E_p\left[\frac{f(x)}{q(x)}\right] \tag{4-55}$$

则积分 I 可以看成函数 $\frac{f(x)}{q(x)}$ 在概率密度函数 $q(x)$ 上的数学期望。根据大数定律可以用均值近似期望,通过从 $q(x)$ 中抽取大量的随机变量 $x_1,x_2,\cdots,x_n$,可得:

$$Z = E\left[\frac{f(x)}{q(x)}\right] \simeq \frac{1}{n}\sum_{i=1}^n \frac{f(x_i)}{q(x_i)} \tag{4-56}$$

上式为蒙特卡洛积分的一般表达式。

举例说明蒙特卡洛积分的应用,假设 x 服从均匀分布 $U[a,b]$,其概率密度为:$q(x) = \frac{1}{b-a}$,$x_1,x_2,\cdots,x_n$ 为从 $q(x)$ 中抽取的随机数,则 $\int_a^b f(x)\,dx$ 的估计值可以写为

$$\hat{Z} = \frac{1}{n}\sum_{i=1}^n \frac{h(x_i)}{q(x_i)} = \frac{b-a}{n}\sum_{i=1}^n h(x_i) \tag{4-57}$$

下面给出具体计算步骤:

(1) 产生独立的 n 个随机数,$u_1,u_2,\cdots,u_n \sim U[0,1]$;

（2）计算 $x_i = a + (b-a)u_i$ 和 $f(x_i)$；

（3）用式（4-57）计算 Z 的估计值。

4.4.2　马尔科夫链

马尔科夫链是一种随机过程，通常把时间和状态都离散的马尔科夫过程称为马尔科夫链。所谓的马尔科夫过程，是指系统在 $t+1$ 时刻的状态，只与系统在 t 时刻的状态有关，而与 t 时刻之前的状态无关的过程[8]。

假设马尔科夫过程 $\{X_n, n \in T\}$ 的参数集 T 是离散的时间集合，即 $T = \{0, 1, 2, \cdots\}$，其相应 X_n 可能取值的全体组成的状态空间是离散的状态集 $I = \{i_1, i_2, i_3, \cdots\}$，则马尔科夫链的定义如下：

设有随机过程 $\{X_n, n \in T\}$，若对于任意的整数 $n \in T$ 和任意的状态 $i_0, i_1, i_2, \cdots, i_{n+1} \in I$，条件概率满足：

$$P\{X_{n+1} = i_{n+1} \mid X_0 = i_0, X_1 = i_1, \cdots, X_n = i_n\} = P\{X_{n+1} = i_{n+1} \mid X_n = i_n\} \quad (4\text{-}58)$$

则称 $\{X_n, n \in T\}$ 为马尔科夫链，简称马氏链。

定义条件概率 $P_{ij}(n) = P\{X_{n+1} = i_{n+1} \mid X_n = i_n\}$ 为马尔科夫链 $\{X_n, n \in T\}$ 在时刻 n 的一步转移概率，简称转移概率。如果 $P_{i,j}(n)$ 只与状态 i, j 有关，而与时间无关，则称马尔科夫链是齐次的。

令 $z_i(n) = P(X_n = s_i)$ 表示链在 n 时刻为状态 i 的概率，并且以 $p(n)$ 表示为 n 步状态空间的概率，而通常指定 $P(0)$ 为链的开始。

链在第 $n+1$ 步的值由 Chapman-Kolomogrov 方程（简称为 C-K 方程）给出：

$$\begin{aligned} z_i(n+1) &= P(X_{n+1} = s_i) \\ &= \sum_k P(X_{n+1} = s_i \mid X_n = s_k) P(X_n = s_k) \\ &= \sum_k P_{k,i} z_k(n+1) \end{aligned} \quad (4\text{-}59)$$

其中 $P_{k,i}$ 为状态 k 到状态 i 的一步转移概率，连续重复地应用 C-K 方程就可以描述马尔科夫链的演化。

马尔科夫链可以达到某种平稳分布 $\pi(x)$，此时链处于任意给定状态的概率量都与初始状态独立。链有唯一平稳分布的充分条件是满足细致平稳方程

$$p_{j,k}\pi(j) = p_{j,k}\pi(k) \quad (4\text{-}60)$$

只要能够满足方程（4-60），就可以产生一个平稳的马尔科夫链。但是并不是所有的马尔科夫链都可以用到 MCMC 方法中的，文献[9]给出了设计的马尔科夫链必须具有的性质。

（1）不变性：所有状态最终都可以到达平稳分布；

（2）不可约：以任意状态作为初始状态，经过有限次跳转，可以到达另外的任意状态；

（3）非周期：马尔科夫链的转移核不会在所有的状态中产生一个周期运动；

（4）循环性：可以从任意状态无限次访问其他任意状态。

4.4.3　蒙特卡洛马尔科夫链方法

MCMC 方法的基本思想是通过建立一个平稳分布为 $\pi(x)$ 的马尔科夫链来得到 $\pi(x)$ 的样本，利用这条链上的各个样本值就可以估计参数，并进行各种统计推断。MCMC 方法最

常用的两种抽样方法是：M-H 抽样和 Gibbs 抽样，在此只介绍 M-H 抽样。

M-H 抽样是由 Metropolis[10] 先提出的一种转移核构造方法，然后由 Hastings[11] 对这一方法进行了改进而形成的。它属于重要性抽样的范畴。它的主要思想是构造一个具有任意初始状态的马尔科夫链，其平衡分布就是目标分布。当马尔科夫链收敛到它的平稳分布时，就是说经历了一些状态转移之后，每次新产生的状态就认为是服从目标分布的样本。

假设目前马尔科夫链所在状态为 x，从提议函数 $q(\cdot)$ 采样得到下一时刻的候选状态为 x^*，则定义接受概率为

$$\alpha(x,x^*) = \min\{\gamma(x,x^*),1\} \tag{4-61}$$

其中 $\gamma(x,x^*)$ 称为接受比率，其定义式如下

$$\gamma(x,x^*) = \frac{\pi(x^*)q(x\mid x^*)}{\pi(x)q(x^*\mid x)} \tag{4-62}$$

判断 $\alpha(x,x^*)$ 是否符合接受条件，如果接受，则马尔科夫链的状态变为 x^*，否则马尔科夫链仍然停留在当前状态 x。当提议函数 $q(\cdot)$ 为对称分布时，则有 $q(x|x^*)=q(x^*|x)$，此时 M-H 抽样转化为 Metropolis 抽样，接受概率为

$$\alpha(x,x^*) = \min\left\{\frac{\pi(x^*)}{\pi(x)},1\right\} \tag{4-63}$$

M-H 方法构造的马尔科夫链的转移核为

$$P(x,x^*) = \begin{cases} q(x^*\mid x)\alpha(x,x^*) & \forall\, x^* \neq x \\ 1 - q(x^*\mid x)\alpha(x,x^*) & x^* = x \end{cases} \tag{4-64}$$

可以证明 M-H 方法构造的马尔科夫链满足细节平衡，即

$$\pi(x)p(x,x^*) = \pi(x^*)p(x^*,x) \tag{4-65}$$

M-H 算法的提议函数一般有两种比较常用，即：随机游走采样法和独立马尔科夫链采样法。随机游走采样法的候选状态 x^* 等于在当前值 x 上加一个随机扰动量 z，故称为随机游走采样法，其状态变化为

$$x^* = x + z \tag{4-66}$$

其提议密度函数满足

$$q(x^*\mid x) = q(x^*-x) = q(z) \tag{4-67}$$

随机游走采样法是最简单的 M-H 方法，应用也最为广泛。$q(z)$ 通常选择均匀分布或正态分布。

独立马尔科夫链采样法是指候选状态和马尔科夫链当前所处的状态无关，其提议密度函数满足：

$$q(x^*\mid x) = q(x^*) \tag{4-68}$$

与随机游走采样方法相比，由于独立马尔科夫链采样方法的候选状态和当前状态没有关系，因而在整个空间采样的速度要快得多。但独立马尔科夫链采样方法在整个空间采样，采样范围太宽，导致很多状态会被拒绝，以至于在没有达到收敛前出现近似收敛的情况。

4.5 支持向量机分类器

在雷达辐射源信号识别流程中，分类器设计也是一个重要环节，SVM 是统计学习中较

新的方法,它在处理小样本、非线性及高维特征的问题上表现出了其他分类算法不具备的独特优势,已经成为模式识别和机器学习领域研究的新热点。

SVM 的主要思想可以概括为两点:

(1) 它的提出最初是为了解决两类线性可分的分类问题,对于线性不可分的情况,通过使用非线性映射算法将低维输入空间的样本转化为高维特征空间使其线性可分,然后在高维特征空间中采用线性算法对样本进行分析;

(2) 它基于结构风险最小化理论在特征空间中建构最优分类超平面,使得分类器得到全局最优,且在整个样本空间的期望风险以某个概率满足一定上界。

4.5.1　样本线性可分情况

线性可分的两类问题的样本分布情况简单。SVM 的分类机理如图 4-6 所示,为直观表示,图中的样本特征是二维的,圆点和正号分别表示两类训练样本。

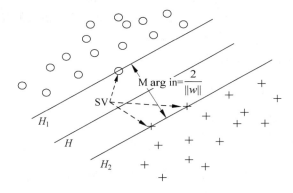

图 4-6　SVM 分类机理示意图

对于线性可分的情况,存在一个超平面 H(二维情况下是分类直线),它能将两类样本正确地分开。H_1 和 H_2 为分类边界,它们分别过两类样本中与 H 距离最近的样本点且平行于 H,它们之间的距离叫作分类间隔(Margin),H_1 和 H_2 经过的样本叫作 SV(Support Vector,支持向量)。最优分类面是指能将所有样本正确分开,且使得分类间隔取为最大值的分类面。

线性可分的两类样本集 $(\bm{x}_i, y_i)$,$i=1,2,\cdots,m$,$\bm{x}_i \in \mathbf{R}^d$,$y \in \{+1,-1\}$,其线性判别函数的一般形式为

$$g(\bm{x}) = \bm{w} \cdot \bm{x} + b \tag{4-69}$$

分类超平面 H 的方程为

$$\bm{w} \cdot \bm{x} + b = 0 \tag{4-70}$$

其中 $\bm{w}$ 是分类超平面 H 的 d 维法向量,"·"表示点积,b 为偏移量。将 $g(\bm{x})$ 归一化,使所有的样本点都满足 $|g(\bm{x})| \geqslant 1$,也就是使离 H 最近的样本满足 $|g(\bm{x})| = 1$,此时分类间隔为 $\dfrac{2}{\|\bm{w}\|}$,因此使分类间隔最大相当于使 $\|\bm{w}\|$ 最小。

最优分类超平面要求分类超平面将所有的样本都正确分开,即要求分类超平面满足:

$$y_i[(\bm{w} \cdot \bm{x}_i + b)] \geqslant 1 \tag{4-71}$$

式中 $i=1,2,\cdots,m$。最优超平面可以通过解决下面的二次优化问题来求得,即在满足

式(4-71)的约束条件时,求 $\min\limits_{w,b}\frac{1}{2}\parallel w\parallel$。定义拉格朗日函数:

$$L(w,b,a) = \frac{1}{2}\parallel w\parallel - \sum_{i=1}^{n}a_i\{y_i[(\boldsymbol{w}\cdot\boldsymbol{x}_i+b)]-1\} \tag{4-72}$$

式中,a_i 是拉格朗日系数,求 $\min\limits_{w,b}\frac{1}{2}\parallel w\parallel$ 就是对 w 和 b 求拉氏函数的极小值。将 $L(w,b,a)$ 对 w 和 b 求偏微分,并令其等于零。解之可得(在特征数目特别大的时候,可以将这个二次寻优问题转化为它的对偶问题):

$$\boldsymbol{w}^* = \sum_{i=1}^{n}\alpha_i^* y_i\boldsymbol{x}_i \tag{4-73}$$

$$b^* = y_i - \boldsymbol{w}\cdot\boldsymbol{x}_i \tag{4-74}$$

在优化问题求解的过程中,KKT 条件 $a_i\{y_i[(\boldsymbol{w}\cdot\boldsymbol{x}_i+b)]-1\}=0,i=1,2,\cdots,m$ 起着非常重要的作用,显然,SV 以外的样本的拉格朗日系数为零。再由式(4-73)可知,这些样本对分类不起任何作用,只有支持向量影响最终的分类结果。最终的线性判别函数为

$$f(\boldsymbol{x}) = \mathrm{sgn}\{(\boldsymbol{w}^*\cdot\boldsymbol{x})+b^*\} \tag{4-75}$$

根据 $f(\boldsymbol{x})$ 的符号来确定样本 $\boldsymbol{x}$ 的归属。

4.5.2 样本线性不可分情况

对于线性不可分的情况,需要引入一个松弛变量 $\xi_i\geqslant 0,i=1,\cdots,m$,即在约束条件

$$y_i(\langle\boldsymbol{w}\cdot\varPhi(\boldsymbol{x}_i)+b\rangle)\geqslant 1-\xi_i \tag{4-76}$$

下面求 $\parallel w\parallel+C\sum\limits_{i=1}^{n}\xi_i$ 的极小值。此时构造的分类超平面称为广义分类超平面(也称为软间隔分类面)。若核函数 $K(\boldsymbol{x}_i,\boldsymbol{x}_j)$ 为

$$K(\boldsymbol{x}_i,\boldsymbol{x}_j) = \varPhi(\boldsymbol{x}_i)\cdot\varPhi(\boldsymbol{x}_j) \tag{4-77}$$

对上式的二次规划问题求解得到分类超平面的决策函数为

$$f(\boldsymbol{x}) = \sum_{i=1}^{n}y_i a_i K(\boldsymbol{x}_i,\boldsymbol{x})+b^* \tag{4-78}$$

SVM 的核函数多种多样,它的选择将会直接影响分类结果。在目前应用较广泛的 SVM 的核函数有线性核、多项式核、高斯径向基核和 Sigmoid 核。对不同类型的核函数而言,产生的支持向量个数变化并不大,但性能有所差别。

4.5.3 多类样本分类情况

以上分析的 SVM 都是为了解决两类分类问题,而实际应用中更为常见的是多类分类问题。SVM 多类分类问题可以描述为:根据给定训练集 $\boldsymbol{T}=\{(\boldsymbol{x}_1,y_1),(\boldsymbol{x}_2,y_2),\cdots,(\boldsymbol{x}_m,y_m)\}$,其中 $\boldsymbol{x}_i\in\mathbf{R}^d,y_i\in Y=\{1,2,\cdots,M\}$,寻找一个决策函数 $f(\boldsymbol{x})$: $\boldsymbol{x}\in\mathbf{R}^d\rightarrow Y$。

求解多类分类问题,实质上就是找到一个规则,它能把 d 维特征空间上的样本点划分成 M 类。这需要扩展两类分类问题,目前扩展的常用方法有以下两种:

(1) 直接法。用同一个二次规划问题对所有样本分类,只需要解一次优化问题。它在经典 SVM 理论的基础上重新构造多值分类模型,通过 SVM 方法对新的目标函数进行优化,实现多值分类,是经典 SVM 的自然推广。

（2）间接法。该方法先构造多个两类分类器，然后以某种规则将其组合，以实现多类问题的分类。

① 1-v-r(one-versus-rest，一对多)：需要构造 M 个两类的 SVM 分类器，每个分类器将一类样本与其他类的样本分开。其原理是第 i 个两类分类器能将第 i 类中的训练样本标记为 $+1$，将其余的样本标记为 -1。对于所有的测试样本，在 M 个两类分类器的决策函数中选择最大值对应的类别作为该样本的类别属性。

② 1-v-1(one-versus-one，一对一)：对每两类都构造一个两类 SVM 分类器，对于 M 类分类问题，共需要构造样本中构造 $\frac{M(M-1)}{2}$ 个分类函数。构造第 i 类和第 j 类之间的分类器时，训练样本只来自这两类，并将其分别标记为 $+1$ 和 -1。测试时，将样本输入所有可能的两类分类器，通过投票法，将得分最高者所对应的类别作为该样本所属的类别。

4.6 本章小结

本章主要介绍了在雷达侦察信号分析与处理过程中，尤其是针对脉内信号处理中经常用到的一些数学工具，包括时频分析工具、高阶统计量工具、蒙特卡洛马尔科夫链方法、支持向量机分类器等。本章内容将为后续章节的信号处理讨论奠定基础。

参考文献

[1] 张贤达.非平稳信号处理[M].北京：国防工业出版社,1998.
[2] 邹红星,戴海琼.不含交叉项干扰且具有 WVD 聚集性的时频分布之不存在性[J].中国科学(E 辑),2001,31：348-354.
[3] Hussain Z,Boashash B. Adaptive instantaneous frequency estimation of multi-component FM signals using quadratic time frequency distributions [J]. IEEE Trans. Signal Process,2002,50(8)：1866-1876.
[4] Auger F,Flandrin P. Improving the readability of time-frequency and time-scale representations by the reassignment method[J]. IEEE Trans. Signal Processing,1995,43：1068-1089.
[5] Christian P. Robert,Monte Carlo Statistical Methods [M],Springer-Verlag,2004.
[6] 朱本仁.蒙特卡洛方法引论[M].济南：山东大学出版社,1987.
[7] 裴鹿成,王仲奇.蒙特卡洛方法及其应用[M].北京：海洋出版社,1998.
[8] 刘次华,随机过程[M].武汉：华中科技大学出版社,2001.
[9] 金美娜,基于 MCMC 方法的宽带信号源数和 DOA 联合估计方法研究[D],解放军信息工程学院,2008.
[10] Metropolis,Equation of State calculation by fast computing machines [J],Journal of Chemical Physics 21 (6)：1087-1092,1953.
[11] W. K. Hastings,Monte Carlo sampling methods using Markov chain and their application [J],Biometrika,Vol. 57,No. 1,pp. 97-109,1970.

第5章

雷达侦察信号检测

5.1　本章引言

在对雷达信号的检测中,传统方法主要是基于峰值功率检测。随着 LPI 雷达的产生与发展,峰值功率检测无法适应目前的复杂信号环境。本章重点研究雷达辐射源信号的检测问题,利用多相滤波器组对观测信号进行信道化,针对每个子信道,综合利用峰值功率检测、长时间非相干积累检测、频域检测、RAT 检测等多种方法并行处理。多相滤波器组能够实现对信号的全概率截获,多种检测方法并行处理虽然增加了算法的开销,但能够有效提高对 LPI 雷达信号的检测概率。

5.2　检测原理

设电子侦察接收机接收到的信号为 $x(t)$,接收机首先将信号下变频为中频信号,然后利用高速多比特 ADC 数字采样得到序列 $x(n)$。高速 ADC 提供了很宽的瞬时带宽,但目前后续的数字信号处理速度受硬件处理速度的限制,因此,为了覆盖整个瞬时带宽,这里利用信道化技术将整个信道分解为多个窄带子信道。在每个子信道中,综合利用峰值功率检测、长时间非相干

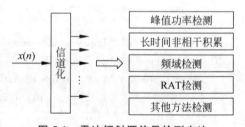

图 5-1　雷达辐射源信号检测方法

累检测、频域检测、Radon-Ambiguity 变换(RAT)检测等多种检测方法并行处理。接收机处理过程如图 5-1 所示。

5.3　多相滤波器组实现信道化

实现信道化最直接的方法是采用并联滤波器组,而多相滤波器组相比于并联滤波器组具有结构简单、计算效率高等优点,其只需设计一个低通原型滤波器即可完成信号在频域上的快速划分。低通原型滤波器的转移函数为:

$$H(z) = \sum_{n=0}^{N-1} h(n) \cdot z^{-n} \tag{5-1}$$

其中 $h(n)$ 为滤波器冲激响应，N 为滤波器长度。假设 L 为抽取率，$Q=N/L$ 取整数，即将滤波器组按照 L 倍抽取从而均匀分为 L 个组，每组长度为 Q，则 $H(z)$ 可以转化为如下形式：

$$H(z) = \sum_{\rho=0}^{L-1} z^{-\rho} E_\rho(z^L) \tag{5-2}$$

其中：

$$E_\rho(z^L) = \sum_{n=0}^{Q-1} h(nL+\rho)(z^L)^{-n}, \quad \rho=0,1,\cdots,L-1 \tag{5-3}$$

式(5-3)代表了 $H(z)$ 的多相分量。

基于并联数字滤波器组实现信道化的第 k 路实现框图如图 5-2 所示。

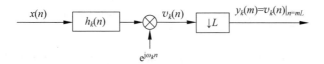

图 5-2　第 k 路滤波器示意图

在并联滤波器组中，第 k 路输出为：

$$\begin{aligned}
v_k(n) &= \big[x(n) * h_k(n)\big] e^{j\omega_k n} \\
&= \sum_{i=-\infty}^{\infty} x(i)\big[h_0(n-i) e^{-j\omega_k(n-i)}\big] e^{j\omega_k n} \\
&= \sum_{i=-\infty}^{\infty} x(i) h_0(n-i) e^{j\omega_k i}
\end{aligned} \tag{5-4}$$

L 倍抽取后得：

$$\begin{aligned}
y_k(m) &= v_k(n)\big|_{n=mL} \\
&= \sum_{i=-\infty}^{\infty} x(i)\big[h_0(mL-i)\big] e^{j\omega_k i}
\end{aligned} \tag{5-5}$$

令 $i=rL-\rho, \rho=0,1,\cdots,L-1; \ -\infty \leqslant r \leqslant \infty$，则：

$$y_k(m) = \sum_{r=-\infty}^{\infty} \sum_{\rho=0}^{L-1} x(rL-\rho)\big[h_0(mL-rL+\rho)\big] e^{j\omega_k(rL-\rho)} \tag{5-6}$$

定义 $x(rL-\rho)=x_\rho(rL), h_0(mL-rL+\rho)=h_\rho[(m-r)L]$，得：

$$y_k(m) = \sum_{\rho=0}^{L-1} \sum_{r=-\infty}^{\infty} x_\rho(rL) h_\rho[(m-r)L] e^{j\omega_k(rL-\rho)} \tag{5-7}$$

对于复信号，其信道分配方案如图 5-3 所示，根据图 5-3 计算 ω_k 得：

$$\omega_k = \left(k - \frac{L-1}{2}\right) \frac{2\pi}{L} \tag{5-8}$$

将 ω_k 代入式(5-7)计算得：

$$y_k(m) = \sum_{\rho=0}^{L-1} \sum_{r=-\infty}^{\infty} x_\rho(rL) e^{-j\pi r(L-1)} h_\rho[(m-r)L] e^{j\pi\rho} e^{-j\pi\rho/L} e^{-j2\pi k\rho/L} \tag{5-9}$$

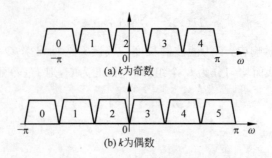

图 5-3　复信号信道分配方案

令 $\displaystyle\sum_{r=-\infty}^{\infty} x_\rho(rL)\mathrm{e}^{-\mathrm{j}\pi r(L-1)} h_\rho[(m-r)L] = t_\rho(mL)$，则：

$$y_k(m) = \sum_{\rho=0}^{L-1} t_\rho(mL)\mathrm{e}^{\mathrm{j}\pi\rho}\mathrm{e}^{-\mathrm{j}\pi\rho/L}\mathrm{e}^{-\mathrm{j}2\pi k\rho/L} = \mathrm{DFT}[t_\rho(mL)(-1)^\rho\mathrm{e}^{-\mathrm{j}\pi\rho/L}] \tag{5-10}$$

因为 $t_\rho(mL) = \displaystyle\sum_{r=-\infty}^{\infty} x_\rho(rL)(-1)^{r(L-1)} h_\rho[(m-r)L] = [x_\rho(mL)(-1)^{m(L-1)}] * h_\rho(mL)$

是多相滤波器的第 ρ 路输出，所以，式(5-10)表示对多相滤波器输出乘以系数 $(-1)^\rho\mathrm{e}^{-\mathrm{j}\pi\rho/L}$ 后再进行离散傅里叶变换，基于以上推导，得如图 5-4 所示的基于多相滤波结构的信道化接收机。

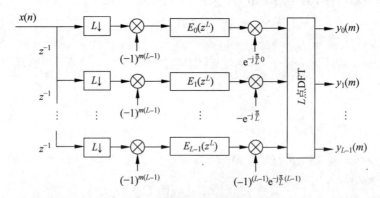

图 5-4　多相滤波信道化高效结构

利用多相滤波器实现信道化的优势体现在如下几个方面：

（1）高效结构各支路共用同一个低通滤波器，使滤波器数量减少 $L-1$ 个，系统复杂度降低。

（2）直接计算输出序列的 DFT 得到输出序列，不用设计下变频器。为了提高计算效率，在选择信道数时设计为 2 的整数次幂，以方便使用 FFT 快速算法。

（3）由于采用了多相滤波器结构，系统时钟频率降为 $1/LT$，是原系统时钟频率的 $1/L$，可实现性增强。

设中频采样频率 2048MHz，多相滤波器 64 倍抽取，经过 64 点 FFT 可以得到 64 个信道，每个信道带宽为 32MHz(2048/64)，这可以看作 3dB 带宽，在 3dB 带宽的 2 倍处，至少需要 80dB 的衰减，满足以上条件的 FIR 滤波器阶数可以由下式确定：

$$N = \frac{-10\log(R_p R_s) - 13}{2.324 B_{\mathrm{tr}}} + 1 \tag{5-11}$$

其中，R_p 和 R_s 分别为带内波动因子和阻带插入损耗，B_{tr} 为过渡带宽，同时，设多相滤波器的多相分量阶数为 16，所以低通原型滤波器阶数为 1024，据此调节滤波器的各项参数，最终确定为 $R_p = 0.01$，$R_s = 0.0001$，$B_{tr} = 6.4\text{MHz}$，满足这一条件的多相滤波器组频率响应如图 5-5 所示。

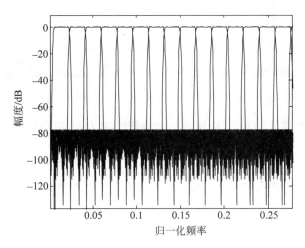

图 5-5　多相滤波器组频率响应

设有 4 个同时输入的信号，分别为 LFM 信号、BPSK 信号、伪码-线性调频信号和 FSK/PSK 复合信号，它们都是采用连续波方式的 LPI 信号，接收机在信号波形上驻留时间为 1ms，4 个信号参数分别为：

- LFM 信号——带宽 20MHz，起始频率 38MHz，调频斜率 20MHz/ms；
- BPSK 信号——码元宽度 500ns，13 位巴克码周期重复，载波频率 208MHz；
- 伪码-线性调频信号——LFM 带宽 20MHz，起始频率 838MHz，调频斜率 2MHz/μs，31 位 GOLD 码周期重复，GOLD 码元宽度 10μs；
- FSK/PSK 复合信号——频率变化规律 {1,2,4,8,5,10,9,7,3,6}，$\Delta f = 32\text{MHz}$，$f_1 = 336\text{MHz}$，每个频点上调相码元数为 100，采用 13 位巴克码周期重复。

信号经多相滤波器分解后得到 64 个独立信道，由各信号中心频率与信道数的关系可知：LFM 信号位于第 34 信道；BPSK 信号位于第 39 信道；伪码-线性调频信号位于第 59 信道；FSK/PSK 复合信号位于第 43～52 信道。仿真结果如图 5-6～图 5-9 所示。

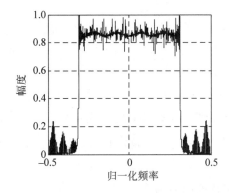

图 5-6　第 34 信道输出(LFM 信号)

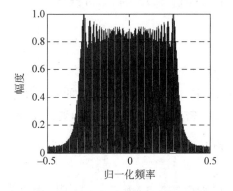

图 5-7　第 59 信道输出(伪码-线性调频信号)

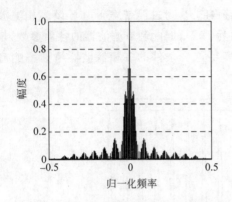
图 5-8　第 39 信道输出（BPSK 信号）

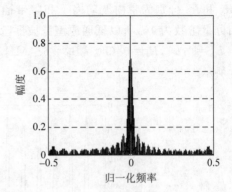
图 5-9　第 43～52 信道输出（FSK/PSK 信号）

采样得到的数据经多相滤波器信道化后，各信道与时间的关系如图 5-10 所示，后续处理即利用各种信号处理算法判断该信道中是否存在信号，并对存在的信号进行分类识别和参数估计。

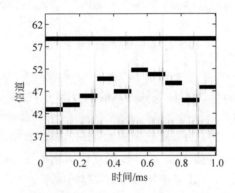

图 5-10　多相滤波信道化后各信道输出

5.4　峰值功率检测

在每个信道中，每输出一个数据，即将这个数的模与门限进行比较，若超过门限，则判定该信道存在信号，输出信号可以写为：

$$
\begin{cases}
x_{\mathrm{r}} = A\cos(2\pi f t) \\
x_{\mathrm{i}} = A\sin(2\pi f t) \\
A = \sqrt{x_{\mathrm{r}}^2 + x_{\mathrm{i}}^2}
\end{cases}
\tag{5-12}
$$

式中，x_{r} 和 x_{i} 分别是输入信号的实部和虚部，A 和 f 分别是输入信号的幅度和频率。设噪声的概率密度函数是高斯型的，要产生输入信号的包络，需要 I 和 Q 两路信号，当数据中只含噪声时，I 路输出概率密度函数为 $p(x) = \dfrac{1}{\sqrt{2\pi}\sigma}\exp\left(-\dfrac{x^2}{2\sigma^2}\right)$，类似地，Q 路输出噪声可表示为 $p(y) = \dfrac{1}{\sqrt{2\pi}\sigma}\exp\left(-\dfrac{y^2}{2\sigma^2}\right)$，则输出包络的概率密度函数为

$$p(r) = \int_0^{2\pi} r p(x) p(y) \mathrm{d}\phi = \frac{r}{\sigma^2} \exp\left(-\frac{r^2}{2\sigma^2}\right) \tag{5-13}$$

即噪声包络服从瑞利分布，σ^2 是噪声方差，$r^2 = x^2 + y^2$，$\phi = \arctan(y/x)$，所以，虚警概率为

$$P_f = \int_{r_1}^{\infty} p(r) \mathrm{d}r = \exp\left(-\frac{r_1^2}{2\sigma^2}\right) \tag{5-14}$$

当数据中含有信号时，I 路和 Q 路输出的概率密度函数为

$$p(x) = \frac{1}{\sqrt{2\pi}\sigma} \exp\left(-\frac{(x-\mu_x)^2}{2\sigma^2}\right) \tag{5-15}$$

$$p(y) = \frac{1}{\sqrt{2\pi}\sigma} \exp\left(-\frac{(y-\mu_y)^2}{2\sigma^2}\right) \tag{5-16}$$

其中，$\mu_x = A\cos\alpha$，$\mu_y = A\sin\alpha$，α 是信号的初相位，则得：

$$p(r) = \frac{r}{\sigma^2} \exp\left(-\frac{r^2+A^2}{2\sigma^2}\right) I_0\left(\frac{rA}{\sigma^2}\right) \tag{5-17}$$

即信号加噪声包络服从莱斯分布，$I_0(x)$ 是修正的零阶贝塞尔函数。检测概率为

$$P_d = \int_{r_1}^{\infty} p(r) \mathrm{d}r = 1 - \int_0^{r_1} p(r) \mathrm{d}r \tag{5-18}$$

假设每个信道允许的虚警时间为 100s，则虚警概率为

$$P_f = \frac{1}{T_f f_s / N} = \frac{N}{T_f f_s} \tag{5-19}$$

式中，$f_s = 2048\mathrm{MHz}$ 为采样频率，$N = 64$ 为信道数，计算得每个信道的 $P_f = 3.125 \times 10^{-10}$，根据式（5-14）计算门限值 r_1，再根据式（5-18）计算得到检测概率，检测概率相对于信噪比变化曲线如图 5-11 中普通实线所示，仿真信号参数设置同 5.3 节，每个信噪比下进行 1000 次蒙特卡洛仿真实验，得到检测概率曲线如图 5-11 中星号线所示。

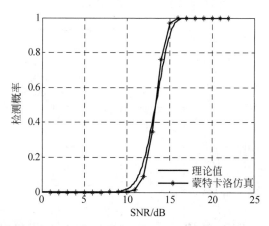

图 5-11 峰值功率检测时检测概率随信噪比变化曲线

由图 5-11 可以看出，通过蒙特卡洛仿真实验得到的检测概率曲线与理论值基本一致，要达到 90% 的检测概率，所需信噪比不得小于 15dB，若是针对传统的高峰值功率脉冲信号，基于峰值功率检测的侦察接收机也能以较高的检测概率检测到雷达信号的存在，其优点是无须进行复杂的计算，实时性很好，但灵敏度低，在对 LPI 信号进行检测时，这一方法不再适用。

5.5　非相干积累检测

峰值功率检测只利用了单个数据样本点的值,在实际中灵敏度很低,一种对 LPI 信号检测的方法是进行长时间的非相干积累,信号经多相滤波信道化后,对每个信道输出的数据取模并求和,以判断每个信道中是否存在信号,检测框图如图 5-12 所示。

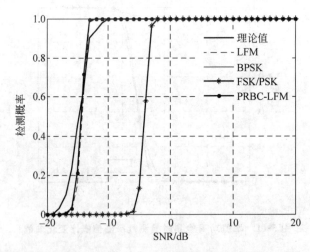

图 5-12　非相干积累检测

检验统计量为 $z=\sum_{i=1}^{N}|r_i|$,当数据中只有噪声时,噪声包络服从瑞利分布,求和后,根据中心极限定理,当 N 很大时,检验统计量 z 近似服从高斯分布,噪声包络 r 的均值为 $\mu=\sqrt{\frac{\pi}{2}}\sigma$,方差为 $\sigma_r^2=\frac{4-\pi}{2}\sigma^2$,所以随机变量 $z\sim N(N\mu,N\sigma_r^2)$。即概率密度函数为:

$$p(z)=\frac{r}{\sqrt{2\pi N\sigma_r}}\exp\left[-\frac{(z-N\mu)^2}{2N\sigma_r^2}\right] \tag{5-20}$$

虚警概率为:

$$P_f=\int_{z_1}^{\infty}p(z)\mathrm{d}z \tag{5-21}$$

z_1 为判决门限,仿真信号参数设置同 5.2 节,若 1ms 作一次判决,则每个信道有 32 000 个点进行非相干积累,积累增益近似为 $G_N=5\log N+5.5$dB,$N=32\,000$ 时,得 $G_N=28$dB,即与单样本检测相比,在虚警概率为 $P_f=3.125\times10^{-10}$,检测概率达到 90%,非相干积累后所需信噪比理论上可达到 -13dB。提高了接收机的灵敏度,可以用来检测 LPI 雷达信号。对每个信道做 1000 次蒙特卡洛实验,检测的仿真结果如图 5-13 所示。

图 5-13　非相干积累检测时检测概率随信噪比变化曲线

从图 5-13 中可以看出,不管信号采用何种调制方式,非相干积累后的检测效果是一样的,即在 -13dB 时,检测概率达到了 90% 以上。但对于 FSK/PSK 信号,信道化之后不同的频点处于不同的信道,因此在对每个子信道进行检测时,子信道中的信号持续时间远小于整个信号的持续时间,因此其检测效果会差很多,要达到 90% 的检测概率,所需信噪比为 $-3\mathrm{dB}$。

5.6　频域检测

对采集到的数据进行快速傅里叶变换(FFT),把 FFT 输出与某个特定的门限进行比较,以确定是否有信号的存在。频域检测的主要优点是作用于大量数据点上的 FFT 可以把信号从噪声中提取出来,其缺点是 FFT 的长度要预先确定,并且需要保证 FFT 的速度与采样速度匹配。

因为 FFT 是线性运算,所以频域中的噪声分布与时域中的噪声分布相似,假定噪声在时域上不相关,并且时域上的噪声功率为

$$E[x_n x_n^*] = \sigma^2 \tag{5-22}$$

其中 $E[\cdot]$ 表示求期望。那么在频域上相应的噪声功率 σ_f^2 为

$$\sigma_\mathrm{f}^2 = E\left[\left(\sum_m^{N-1} x_m \mathrm{e}^{-\frac{\mathrm{j}2\pi mk}{N}}\right)\left(\sum_n^{N-1} x_n \mathrm{e}^{-\frac{\mathrm{j}2\pi nk}{N}}\right)^*\right]$$

$$= \sum_m \sum_n (x_m x_n^*) \mathrm{e}^{-\frac{\mathrm{j}2\pi mk}{N}} \mathrm{e}^{\frac{\mathrm{j}2\pi nk}{N}} = N\sigma^2 \tag{5-23}$$

上式显示噪声在频域有相同的分布,但是方差增加到了 N 倍,这个结果表示功率谱的分布是瑞利型的,包络概率密度函数为

$$p_\mathrm{f}(r) = \frac{r}{\sigma_\mathrm{f}^2} \mathrm{e}^{-\frac{r^2}{2\sigma_\mathrm{f}^2}} = \frac{r}{N\sigma^2} \mathrm{e}^{-\frac{r^2}{2N\sigma^2}} \tag{5-24}$$

则虚警概率为

$$P_\mathrm{f} = \int_{r_1}^{\infty} p_\mathrm{f}(r)\mathrm{d}r = \mathrm{e}^{-\frac{r_1^2}{2N\sigma^2}} \tag{5-25}$$

对于给定的虚警概率,上式可以用来设置门限 r_1。若给定虚警时间 T_f,则虚警概率可由下式确定:

$$P_\mathrm{f} = \frac{N}{T_\mathrm{f} f_\mathrm{s}} \tag{5-26}$$

其中 N 是 FFT 中的全部点数,f_s 是采样频率。

若输出数据中含有信号,则概率密度函数为

$$p(r) = \frac{r}{N\sigma^2} \exp\left(-\frac{r^2 + X_m^2}{2N\sigma^2}\right) I_0\left(\frac{rX_m}{N\sigma^2}\right) \tag{5-27}$$

在最理想的情况下,信号充满整个时域窗,并且输入频率匹配于一条输出谱线,这种情况下将产生最高的检测概率为

$$P_\mathrm{d} = \int_{r_1}^{\infty} p(r)\mathrm{d}r = 1 - \int_0^{r_1} p(r)\mathrm{d}r \tag{5-28}$$

此时,最大谱线值为 $X_m = NA$,A 为信号幅度。相应的,信噪比 S/N 在时域与频域的关系为

$$\left(\frac{S}{N}\right)_\mathrm{f} = \frac{X_m^2}{2\sigma_\mathrm{f}^2} = \frac{(NA)^2}{2N\sigma^2} = N\frac{A^2}{2\sigma^2} = N\left(\frac{S}{N}\right) \tag{5-29}$$

式中,下标 f 表示频域。从式中可以看出,在最佳情况下频域检测信噪比要比时域检测时的

信噪比提高 N 倍,根据式(5-28),在 $P_f = 3.125 \times 10^{-10}$ 时,要达到 90% 的检测概率,所需信噪比不得小于 15dB,对 32 000 个采样点进行 FFT,换算到时域信噪比为

$$\left(\frac{S}{N}\right) = -10\log N + \left(\frac{S}{N}\right)_f = -10\log 32\,000 + 15$$

$$= -45 + 15 = -30 \text{dB} \tag{5-30}$$

这个结果效果要好于非相干积累,这是因为时域能量积累时,对信号进行的是非相干性求和,而 FFT 对信号进行了相干性积分。

但实际上,LPI 雷达信号具有大的带宽,信号进行 FFT 后不可能匹配于一条谱线输出,并且信号不一定会充满整个时域窗,因此,实际的检测结果要远远低于式(5-30)所表示的结果。

仿真信号参数设置同 5.2 节,每个信道虚警概率 $P_f = 3.125 \times 10^{-10}$,信噪比从 -25dB 到 20dB 变化,根据式(5-25)计算检测门限,对每个信道进行 1000 次蒙特卡洛仿真,各信号检测概率随信噪比变化曲线如图 5-14 所示。

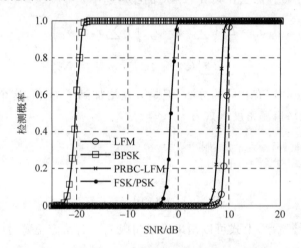

图 5-14 频域检测时检测概率随信噪比变化曲线

从图 5-14 可以看出,要达到 90% 的检测概率,线性调频信号所需信噪比为 10dB,伪码调相信号需 -18dB,FSK/PSK 复合信号需 -1dB,伪码-线性调频信号需 9dB,因此,频域检测对于宽频带信号,检测效果不佳,但对于 BPSK 信号,当其带宽较窄时,频域检测可以达到很高的检测概率。

5.7 RAT 检测

在对线性调频信号的检测中,采用 Wigner-Hough 变换(WHT)检测和 RAT 检测都可以近似达到线性调频信号的相干检测性能。其中,计算信号 WVD 的 Hough 变换结果是幅度随斜率和起始频率变化的二维函数,因为线性调频信号的模糊函数过原点,模糊函数的 Radon 变换结果是幅度随斜率变化的一维函数。因此,RAT 具有更高的计算效率,从而获得了更广泛的应用。

以信道输出的 LFM 信号为例,模糊函数 3dB 等高线如图 5-15 所示。计算模糊函数的

Radon 变换,结果是幅度随斜率变化的一维函数,RAT 结果如图 5-16 所示。选取合适的门限值即可完成对 LFM 信号的检测。

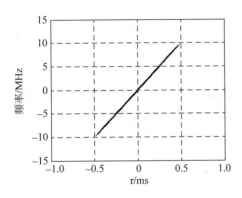

图 5-15 线性调频信号模糊函数等高线图   图 5-16 线性调频信号模糊函数 Radon 变换

由于很难得到信号 RAT 的准确概率密度函数,因此难以在给定虚警概率的情况下给出精确的检测门限,只能通过统计模型的方法得到检测门限。过程如下:

(1) 仿真 N 组噪声,N 必须远大于 $1/P_f$,P_f 为给定的虚警概率,计算平均功率 S_0,经过 RAT 计算后,统计每组结果中的最大值,并进行从小到大排序,设为 $T_0(N)$。

(2) 取排序数组的第 $m = NP_f$ 个值,作为阈值因子 $T = T_0(m)$。

(3) 在含信号数据中,估计噪声功率 S,计算检测门限 $r = \sqrt{S/S_0}\,T$。

(4) 计算数据的 RAT,将结果中的最大值 Y 与门限比较,若 $Y > r$,则判定数据中存在 LFM 信号。

根据上述方法对 LFM 信号进行检测,进行 1000 次蒙特卡洛实验,在 $P_f = 3.125 \times 10^{-10}$ 的情况下,检测概率随信噪比变化曲线如图 5-17 所示。从图中可以看出,在信噪比为 $-27\mathrm{dB}$ 时,检测概率达到了 90%。可见 RAT 检测对线性调频信号有着优良的检测效果,能够近似达到相干检测的性能。而 RAT 检测法在其他信号的检测中失效,这是因为线性调频信号的模糊图是一条直线,其他信号的模糊图不具备这一性质。因此,RAT 检测法只适用于对线性调频信号的检测。

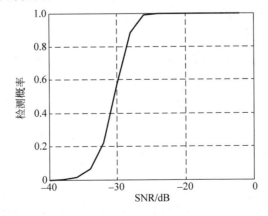

图 5-17 RAT 检测时检测概率随信噪比变化曲线

5.8　本章小结

　　随着数字化接收机的使用和硬件水平的提高，本章在对 LPI 雷达信号检测中，给出基于多相滤波器组信道化，对每个子信道中的数据利用多种检测技术并行处理的检测方法。在对 LPI 雷达信号的检测中，峰值功率检测适用于高信噪比情况下，长时间的非相干积累检测性能受信号调制方式的影响最小，频域检测适用于带宽较窄信号，RAT 检测则是专门针对 LFM 信号检测的方法，因此，在对 LPI 雷达信号的检测中，需要利用多种检测技术对各个信道进行并行检测，使侦察接收机能够以最大概率截获到 LPI 雷达信号。

参考文献

James Tsui. Digital Techniques for Wideband Receivers(Second Edition)[M]. Artech House. 2001.

第6章

雷达信号参数估计

6.1 本章引言

对雷达辐射源的脉内信号的参数进行精确分析,是进行辐射源分类识别的重要依据,是判断雷达性能、功能的重要信息,也是重要的电子情报。本章针对各类复杂调制的雷达脉内信号,研究参数的精确分析和提取算法,主要包括对线性调频信号、相位编码信号、伪码-线性调频复合信号、FSK/PSK 复合信号参数以及辐射源信号的瞬时频率估计方法。

6.2 线性调频信号参数提取

线性调频信号因具有大的时间带宽积,被广泛应用于雷达、声呐等系统中。线性调频信号的调制参数主要有载频、调频斜率。

对线性调频信号最典型的算法是最大似然估计,精度要高于其他方法。但是似然估计模型是一种伪概率模型,是通过优化理论得到的一个渐近概率模型,并且利用似然估计来代替与待估计参数无关的参数,这样处理会导致估计误差。而贝叶斯估计模型对这些未知参数直接进行积分处理,因而不存在误差,而且贝叶斯估计利用了先验分布,包含了更多的信息量,所以贝叶斯估计要优于似然估计。然而在计算贝叶斯估计的过程中,会遇到和计算似然估计一样的问题,即概率密度函数是一个高维的非线性函数,它的积分要么很复杂,要么可能不存在,传统的计算方法是进行二维搜索,这样计算量很大。针对以上问题,在文献[1]的基础上,本节给出一种线性调频信号的贝叶斯参数估计模型,从而避免二维搜索,提高收敛速度。

6.2.1 线性调频信号的贝叶斯估计模型

1. 信号模型

最大后验概率估计就是使后验概率值最大的参数作为要估计的参数,其核心是推导出待估参数的最大后验概率。

设线性调频信号的模型为

$$y = A\exp(\mathrm{j}(2\pi ft + kt^2 + \theta)) + w \tag{6-1}$$

可以将其改写为如下形式：

$$y = a_c\cos(2\pi ft + kt^2) + a_s\sin(2\pi ft + kt^2) + w \tag{6-2}$$

将上式写成向量的形式如下：

$$\boldsymbol{Y} = \boldsymbol{H}(f,k)\boldsymbol{A} + \boldsymbol{W} \tag{6-3}$$

式中，$\boldsymbol{Y} = [y(0), y(1), \cdots, y(N-1)]^\mathrm{T}$。

$$\boldsymbol{H}(f,k) = \begin{bmatrix} \cos(2\pi f(0) + k(0)^2) & \sin(2\pi f(0) + k(0)^2) \\ \cos(2\pi f(1) + k(1)^2) & \sin(2\pi f(1) + k(1)^2) \\ \cdots & \cdots \\ \cos(2\pi f(N-1) + k(N-1)^2) & \sin(2\pi f(N-1) + k(N-1)^2) \end{bmatrix} \tag{6-4}$$

式中，$\boldsymbol{A} = [a_c \quad a_s]^\mathrm{T}$，$\boldsymbol{W} = [w(0), w(1), \cdots, w(N-1)]^\mathrm{T}$，$\boldsymbol{H}(f,k)$ 是 $N\times2$ 的参数矩阵，f 为频率，k 为调频斜率。$\boldsymbol{A}$ 为 2×1 的矩阵，是幅度和相位的联合表示式，$\boldsymbol{W}$ 为 $N\times1$ 的噪声向量。

2. 贝叶斯估计模型

由贝叶斯理论可得：

$$p(f,k,\boldsymbol{A},\sigma^2 \mid \boldsymbol{Y}) \propto p(\boldsymbol{Y} \mid f,k,\boldsymbol{A},\sigma^2) p(f,k,\boldsymbol{A},\sigma^2) \tag{6-5}$$

式中，$p(\boldsymbol{Y}|f,k,\boldsymbol{A},\sigma^2)$ 为似然函数，$p(f,k,\boldsymbol{A},\sigma^2)$ 为先验概率密度。噪声为高斯白噪声，那么信号的似然概率密度可以表示为：

$$p(\boldsymbol{Y} \mid f,k,\boldsymbol{A},\sigma^2) = (2\pi\sigma^2)^{-N/2}\exp\left(-\frac{1}{2\sigma^2}(\boldsymbol{Y} - \boldsymbol{H}(f,k)\boldsymbol{A})^\mathrm{T}(\boldsymbol{Y} - \boldsymbol{H}(f,k)\boldsymbol{A})\right) \tag{6-6}$$

式(6-6)中的先验概率密度函数可以分解为如下形式：

$$p(f,k,\boldsymbol{A},\sigma^2) = p(f,k,\boldsymbol{A} \mid \sigma^2) p(\sigma^2) \tag{6-7}$$

式中，噪声方差 σ^2 符合逆伽玛分布，信号频率和调频斜率符合均匀分布。在噪声条件下信号的幅度符合均值为 0，方差为 $\sigma^2\Sigma^{-1}$ 的正态分布，其中 $\Sigma^{-1} = \delta^2\boldsymbol{H}(f,k)^\mathrm{T}\boldsymbol{H}(f,k)$，$\delta^2$ 表示期望信噪比。

由式(6-6)和式(6-7)，可将式(6-5)化简为如下形式：

$$p(\boldsymbol{Y},k,\boldsymbol{A},\sigma^2 \mid y) \propto p(\boldsymbol{Y} \mid f,k,\boldsymbol{A},\sigma) = (2\pi\sigma^2)^{-N/2}\exp\left[-\frac{1}{2\sigma^2}(\boldsymbol{A} - \boldsymbol{m}_k)^\mathrm{T}\boldsymbol{M}_k^{-1}(\boldsymbol{A} - \boldsymbol{m}_k)\right]\times$$
$$|2\pi\Sigma_k\sigma^2|^{-1/2}\exp\left[\frac{-1}{2\sigma^2}(\gamma_0 + \boldsymbol{Y}^\mathrm{T}\boldsymbol{P}_k\boldsymbol{Y})\right](\sigma^2)^{-v_0/2-1} \tag{6-8}$$

式中，$\boldsymbol{M}_k^{-1} = \boldsymbol{H}^\mathrm{T}(f,k)\boldsymbol{H}(f,k) + \Sigma_k^{-1}$，$\boldsymbol{m}_k = \boldsymbol{M}_k\boldsymbol{H}^\mathrm{T}(f,k)\boldsymbol{Y}$ $\boldsymbol{P}_k = \boldsymbol{I}_N - \boldsymbol{H}(f,k)\boldsymbol{M}_k\boldsymbol{H}^\mathrm{T}(f,k)$。

积分掉式(6-8)中的滋扰参数 $\boldsymbol{A}$ 和 σ^2，可以得到待估参数 f 和 k 的联合后验概率密度：

$$p(f,k \mid \boldsymbol{Y}) \propto (\gamma_0 + \boldsymbol{Y}^\mathrm{T}\boldsymbol{P}_k\boldsymbol{Y})^{-\frac{N+v_0}{2}}(\delta^2 + 1)^{-1} \tag{6-9}$$

当 $v_0 = 0, \gamma_0 = 0$ 时，逆伽玛分布可化简为无信息 Jeffrey 先验分布即：

$$p(\sigma^2) \propto \frac{1}{\sigma^2} \tag{6-10}$$

则式(6-9)可进一步化简为：

$$p(f,k \mid \boldsymbol{Y}) \propto (\boldsymbol{Y}^{\mathrm{T}}\boldsymbol{P}_k\boldsymbol{Y})^{-\frac{N}{2}}(\delta^2 + 1)^{-1} \tag{6-11}$$

可以看出该后验率是一个关于 f 和 k 的高维非线性的多峰函数,要对它进行积分是比较复杂的,也可能是无解的。而用传统的二维搜索虽然可以计算出待估参数,但是计算量比较大,用 MCMC 方法可以很好地解决这个问题。

6.2.2 MCMC 算法

1. 混合采样

由于随机游走采样是一种局部采样,收敛速度比较慢。而独立马尔科夫采样是一种全局采样,收敛速度比较快。为了在不影响估计精度的条件下,提高收敛速度,在此采用一种混合采样的方法,也就是先通过独立马尔科夫进行全局采样,快速得到粗略的估计值,然后再用随机游走进行局部采样,对该粗略估计值进行精确估计。这样既能照顾到速度又能照顾到精度。

混合采样的方法如下:

设 λ 为一实数,满足 $0<\lambda<1$,

(1) 初始化:设定初始值 $\boldsymbol{x}^0$;

(2) 迭代次数 i。

——采样 $u \sim U[0,1]$;

——若 $u<\lambda$,则执行独立马尔科夫链采样方法,提议函数为 $q_1(\boldsymbol{x}^* \mid \boldsymbol{x}^i)$;

——否则执行自适应随机游走采样方法,提议函数为 $q_2(\boldsymbol{x}^* \mid \boldsymbol{x}^i)$;

(3) $i \leftarrow i+1$,回到步骤(2)。

2. 算法实现

(1) 初始化 ω 和 k 并设定迭代次数,对信号做 FFT,计算谱图最大点对应的频率值,以此值为频率的初始值,然后用此频率值除以信号的时间长度,即可得到调频斜率的初始值。初始值是为了减小迭代次数,加快 MCMC 收敛的速度。

(2) 第 i 次迭代。

① 从提议函数中进行混合抽样得到 f^* 和 k^*;

② 计算接收概率 $\alpha = \min\left\{\dfrac{p(f^*,k^* \mid y)}{p(f^{(i-1)},k^{(i-1)} \mid y)},1\right\}$;

③ 从均匀分布 $U(0,1)$ 中采样得到 u^i;

④ 如果 $u^i \leqslant a$,则接收该状态,$f^i=f^*$,$k^i=k^*$,否则抛弃该状态。

(3) 第 $i+1$ 次迭代,重新执行步骤(2),直到迭代结束。

计算 f 和 k 的收敛状态的均值即为 f 和 k 的估计值。

6.2.3 仿真实验

仿真实验 1:信噪比为 3dB,载频为 1MHz,信号调频带宽为 6MHz,采样频率为 10MHz 的线性调频信号,MCMC 方法总迭代次数为 5000 次。混合抽样中独立马尔科夫链采用均匀分布的抽样函数,其分布区间为 $\left[\dfrac{\text{init}}{10}, \text{init} * 10\right]$,init 为算法第一步计算得到的初始值。随机游走抽样采用均值为零,方差为 $\frac{\text{init}}{1000}$ 的正态分布。得到的仿真结果如图 6-1 所示。

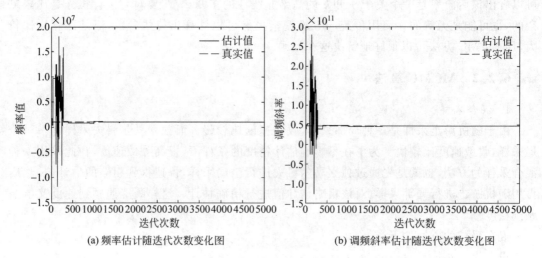

(a) 频率估计随迭代次数变化图　　　　(b) 调频斜率估计随迭代次数变化图

图 6-1　混合采样下各估计值的迭代图

从图 6-1 中可以看出该方法迭代次 300 次左右就可以收敛,而且收敛后的估计值几乎与真实值一样。图 6-2 是取收敛后的最后 200 个点做直方图。从直方图中的最大值即可认为是估计值,但是为了提高精度,通常取其平均值为最终结果。

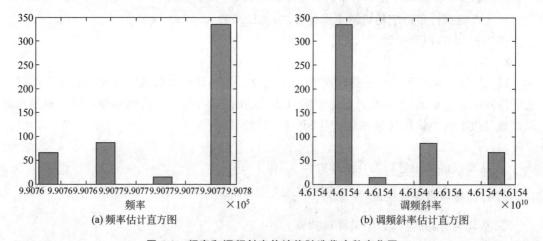

(a) 频率估计直方图　　　　　　　　(b) 调频斜率估计直方图

图 6-2　频率和调频斜率估计值随迭代次数变化图

仿真实验 2:信号仿真条件与实验 1 相同,信噪比从 0dB 到 21dB 每隔 3dB 变化,在每个信噪比下做 100 次蒙特卡洛仿真实验,取 100 次的相对误差的均值为最终相对误差,得到相对误差随信噪比的变化曲线如图 6-3 所示。

从图 6-3 可以看出,在信噪比为 0dB 时频率的相对估计误差为 0.003,而调频斜率的估计精度达到 0.000 25;而当信噪比大于 6dB 时,调频斜率的估计相对误差小于 0.000 08。频率估计值的相对误差小于 0.0015。说明本算法可以实现高精度解线性调频。

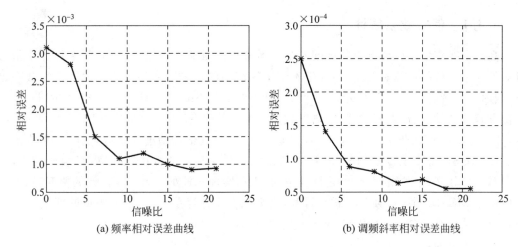

(a) 频率相对误差曲线　　　　　　　　(b) 调频斜率相对误差曲线

图 6-3　频率和调频斜率估计值相对误差随信噪比变化图

仿真实验 3：仿真条件与实验 1 相同，算法分别采用随机游走采样和混合采样进行线性调频信号的参数估计。

由图 6-4 可以看出，随机游走采样下各估计值要经过 1100 次的迭代才能收敛，与图 6-1 的 300 次迭代要多出 3 倍。

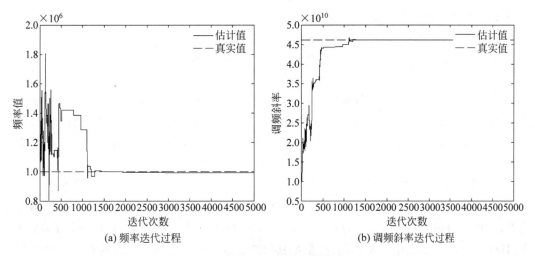

(a) 频率迭代过程　　　　　　　　(b) 调频斜率迭代过程

图 6-4　随机游走采样下各估计值的迭代图

本节利用贝叶斯模型来估计线性调频信号参数，避免了似然函数估计时由于优化模型而造成的误差，提高了参数估计精度。而且采用了一种混合的 MCMC 采样方法，提高了马尔科夫链的收敛速度，减小了计算量。

6.3　相位编码信号参数提取

相位编码信号的调制参数主要有载频、子码宽度和编码序列。本节采用贝叶斯方法来估计正弦信号的载频，采用相关接收算法计算子码宽度。

6.3.1 信号载频估计

高斯白噪声中正弦波频率估计问题是频谱分析的重要内容,正弦信号频率估计是指通过对信号采样值的计算和变换,估计出淹没于噪声中的信号频率的过程。关于信号载频提取,国内外学者提出了不少方法,其主要有 DFT 法、MUSIC 谱估计法、互谱 ESPRIT 法、修正协方差谱估计法、最大似然法、频谱细化法[2]等。其中 DFT 法以及基于 DFT 法的一些修改,如加窗 DFT、RIFE 法等计算量小,容易实现,但是其估计精度比较低,受噪声影响比较大。而 MUSIC 谱估计法、互谱 ESPRIT 法使用现代谱估计的方法,受噪声影响比较小,频率分辨率比较高,估计精度高,但是计算量大,工程实现比较难。贝叶斯估计的精度高,加之可以使用 MCMC 对贝叶斯估计进行计算,大大降低了计算量,故这里采用贝叶斯估计模型来提取正弦信号的载频,并用 MCMC 方法对计算进行简化。

信号模型为:

$$y = A\exp(j(2\pi ft + \theta)) + w \tag{6-12}$$

可以将信号表示为如下形式:

$$y = a_c\cos(2\pi ft) + a_s\sin(2\pi ft) + w \tag{6-13}$$

矩阵形式为:

$$\boldsymbol{Y} = \boldsymbol{H}(f)\boldsymbol{A} + \boldsymbol{W} \tag{6-14}$$

式中,$\boldsymbol{Y} = [y(0), y(1), \cdots, y(N-1)]^T$。

$$\boldsymbol{H}(f) = \begin{bmatrix} \cos(2\pi f(0)) & \sin(2\pi f(0)) \\ \cos(2\pi f(1)) & \sin(2\pi f(1)) \\ \vdots & \vdots \\ \cos(2\pi f(N-1)) & \sin(2\pi f(N-1)) \end{bmatrix} \tag{6-15}$$

式中,$\boldsymbol{A} = [a_c \quad a_s]^T$,$\boldsymbol{W} = [w(0), w(1), \cdots, w(N-1)]^T$,$\boldsymbol{H}(f)$ 是 $N \times 2$ 的参数矩阵,f 为频率,k 为调制频率。$\boldsymbol{A}$ 为 2×1 的矩阵,是幅度和相位的联合表示式,$\boldsymbol{W}$ 为 $N \times 1$ 的噪声向量。

贝叶斯估计模型为:

$$p(f, \boldsymbol{A}, \sigma^2 \mid \boldsymbol{Y}) \propto p(\boldsymbol{Y} \mid f, \boldsymbol{A}, \sigma^2) p(f, \boldsymbol{A}, \sigma^2) \tag{6-16}$$

式中,$p(\boldsymbol{Y} \mid f, \boldsymbol{A}, \sigma^2)$ 为似然函数,$p(f, \boldsymbol{A}, \sigma^2)$ 为先验概率密度。最终要得到 $p(f \mid \boldsymbol{Y})$ 的表达式,具体推导与 6.2 节中基本相同,只是把其中的参数 k 去掉。最终得到的表达式如下:

$$p(f \mid \boldsymbol{Y}) \propto (\boldsymbol{Y}^T \boldsymbol{P}_k \boldsymbol{Y})^{-\frac{N}{2}} (\delta^2 + 1)^{-1} \tag{6-17}$$

通过 MCMC 方法计算该贝叶斯表达式即可得到正弦信号的载频。

6.3.2 码元宽度估计

相关接收法进行码元宽度估计的主要原理为:

(1) 信号估计的载频为 $\hat{f}$,对 BPSK 信号进行平方后得到是一个正弦信号,而对正弦信号载频的估计可以用 6.3.1 节中介绍的方法。

(2) $y(n) = x(n)\exp(-j2\pi\hat{f}n)$ 其中 $x(n)$ 为相位编码信号,对 BPSK 信号进行频率补偿。

（3）$z(t) = \sum_{n=1}^{t} y(n)$，对补偿后的信号进行相关计算。

（4）找出 Real($z(t)$)或 Imag($z(t)$)的所有极值点，并计算相邻极值点间的距离，由于码元具有伪随机码的游程分布特性，只要子码含有长度为 1 的游程，则各极点间距的最小值就是码元宽度。

图 6-5 为相关接收的实部和虚部图。从图 6-5 中可以看出，相关接收的实部和虚部都在相位变化的地方产生极值点。只要能够正确地提取实部或者虚部的极值点，就可通过极值点的位置计算码元宽度。但在含噪声的条件下其极值点的估计就会存在偏差，导致码元宽度估计效果不好。为了减小噪声对码元宽度估计的影响，在计算极值点之前，先对实部或虚部进行平滑滤波。具体的平滑公式为 $y(n) = \sum_{i=n-L}^{n+L} x(i)$，其中 L 表示平滑长度。

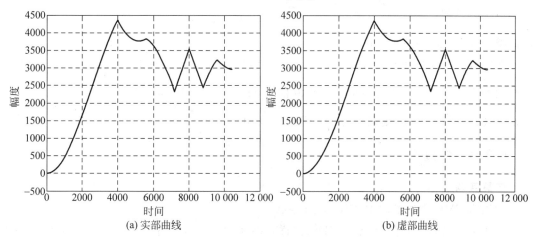

（a）实部曲线　　　　　　　　　　　　（b）虚部曲线

图 6-5　相关接收的实部虚部图

图 6-6 给出了经过平滑后与未经平滑的虚部差分图比较。图 6-6（a）为未经过平滑直接差分得到的虚部图，可以看出，毛刺较多，而且有些地方看不出突变点，图 6-6（b）为平滑后差分的虚部图，可以看出整个图像相对平滑，而且突变点很明显。

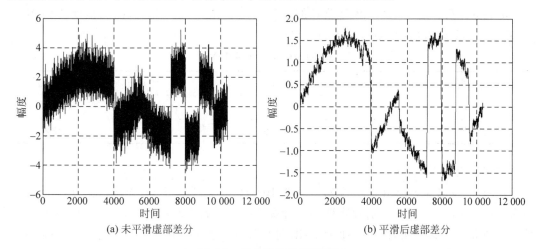

（a）未平滑虚部差分　　　　　　　　　　（b）平滑后虚部差分

图 6-6　相关接收虚部差分图

通过对相关接收的实部或虚部的差分可以求取其极值点的位置,相邻两个极值点之间的最小值通常可以认为是码元宽度。为了增加码元宽度的估计精度,可以从3个方面出发:第一提高极值点的估计精度,前面说到的平滑就是为了提高极值点的估计精度;第二对子码宽度进行微调;第三分别用实部和虚部计算子码宽度,然后计算两个结果的平均值作为最终的估计值。

对估计的码元宽度进行微调[3],极值点之间的距离一般为码元宽度的整数倍,那么设极点间距离 dist 为码元宽度 1 倍的有 n_1 个,2 倍的有 n_2 个,以此类推。则码元宽度微调原理如下:

第一次微调, $w = \dfrac{\text{dist}(1) + \text{dist}(2) + \cdots + \text{dist}(n_1)}{n_1}$

第二次微调, $w = \dfrac{\text{dist}(1) + \text{dist}(2) + \cdots + \text{dist}(n_1) + \text{dist}(n_2)}{n_1 + 2n_2}$

以此类推,即可求得精确码元宽度。

在提取了信号载频和码元宽度以后,编码序列的提取就成了通信接收的问题。仍然利用相关解调的结果,利用实部波形的极值点来判断码元序列,如果 $\text{Real}(z(k\hat{T}_c)) - \text{Real}(z[(k-1)\hat{T}_c]) \geqslant 0$,则码元为 1,否则码元为 0。

6.3.3 仿真实验

仿真实验 1

利用 MCMC 方法求取 BPSK 信号的载频。

二相编码信号的载频为 1.45MHz,采样频率为 10MHz,子码宽度为 10μs,MCMC 迭代次数为 1000 次。分别在信噪比为 0~20dB,每隔 5dB 分别做 100 次蒙特卡洛仿真实验。

图 6-7 为信噪比 5dB 条件下 MCMC 的迭代图,在 60 次迭代左右就开始收敛。图 6-8 给出 MCMC 迭代收敛后,最后 200 次迭代的频率估计值的直方图,从图中可以看出,频率估计的方差很小,都集中在 1.45×10^6 左右。下面直接给出载频估计值的方差表。

由表 6-1 可以看出,在 0dB 是载频的估计误差都在 10kHz 左右,而当信噪比为 10dB 时,其估计误差可以达到 9kHz 左右,精度比较高。

表 6-1 频率估计误差表

误差	0dB	5dB	10dB	15dB
绝对误差	1.36×10^4	1.09×10^4	9.74×10^3	9.49×10^3
均方误差	1.23×10^4	1.02×10^4	9.62×10^3	9.32×10^3

仿真实验 2

采用 13 位巴克码调相信号,采样频率为 10MHz,载频为 2MHz,子码宽度为 10μs,信噪比为 0~20dB,每隔 5dB 分别对该算法进行误差统计。表 6-2 中绝对误差和均方根误差的单位皆为 μs。可以看出,在信噪比为 10dB 时其估计精度可以达到 0.5% 左右,而当信噪比高于 15dB 时,其估计精度皆为 0.1% 左右,效果比较好。

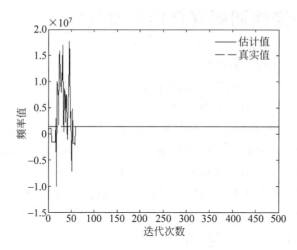

图 6-7　频率估计值随迭代次数变化图

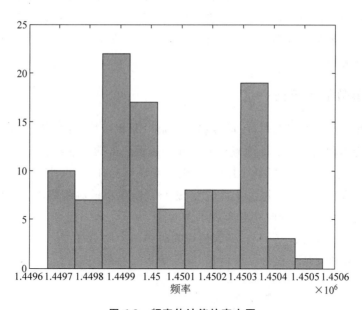

图 6-8　频率估计值的直方图

表 6-2　子码宽度估计误差随信噪比变换表

信噪比 误差	0dB	5dB	10dB	15dB	20dB	25dB	30dB
绝对误差	0.074	0.059	0.056	0.010	0.009	0.010	0.011
均方误差	0.053	0.023	0.021	0.011	0.010	0.012	0.010

6.4 伪码-线性调频复合信号参数估计

在 LPI 雷达中,伪码-线性调频复合信号因其具有较好的距离、速度分辨率和测距测速精度,与单一调制信号相比具有更好的抗干扰能力和更低的截获概率,已被广泛应用于雷达和微小型探测器中。当雷达综合多种 LPI 措施并采用极低功率发射这种复合信号进行侦察时,对非协作性的电子侦察方来说,即使能检测到 LPI 雷达信号的存在,实现低信噪比条件下信号的参数估计仍然存在较大的挑战和困难。因此研究低信噪比下伪码-线性调频信号的参数估计方法对电子侦察具有重要的现实意义。

本节利用了短时傅里叶变换与短频傅里叶变换在谱图上的等价关系,提出利用多相滤波器组实现信号的短时傅里叶变换。高阶累积量本身具备良好的抑制高斯噪声的能力,特别适合低信噪比条件下信号的检测识别与参数估计,因此对多相滤波器组输出的每个子带信号进行三阶累积量对角切片的短时估计时,不但保留了信号的有用信息而且能够有效抑制高斯噪声,包络检波后将较好地反映信号在相应时频点上的能量信息。伪码-线性调频复合信号在时频图上表现为多条平行的斜线段,基于时频图的 Radon 变换可以得到信号伪码数目、码元宽度,带宽和调频斜率的估计。通过在时频图上提取频率曲线可以得到信号的载频和起止频率的估计。

6.4.1 参数估计算法

根据对多相滤波器组、短频傅里叶变换以及高阶累积量特性进行的分析,提出基于多相滤波器组和高阶累积量的信号处理流程如图 6-9 所示。步骤如下:

(1) 利用多相滤波器实现信号的短频傅里叶变换,得到信号的时频分布 $\mathrm{SFFT}_{\hat{x}}(t,\omega)$。

(2) 对多相滤波器输出的每个子带信号,进行三阶累积量对角切片短时估计,以此抑制高斯噪声的影响,此时信号的时频分布表示为 $\rho_{3x}(t,\omega)$。

(3) 对输出信号进行包络检波,得到信号的时频图为 $|\rho_{3x}(t,\omega)|$。

(4) 根据时频图反映的信号参数信息,提取信号的参数。

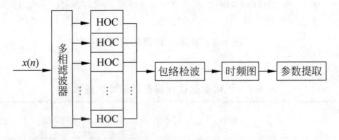

图 6-9 基于多相滤波器和高阶累积量的信号处理流程

伪码-线性调频信号参数为信号载波 16MHz,带宽 20MHz,起始频率 6MHz,截止频率 26MHz,为便于时频图显示,只取 10 位 GOLD 码进行分析,所以重设码元持续时间 $100\mu s$,信号总长度 1ms。低通原型滤波器带宽为 0.5MHz,阻带衰减为 $-80\mathrm{dB}$,阶数为 2240,多相滤波器组数为 128，对信号频域进行 50% 的重叠划分即 64 倍抽取。仿真中采用零均值加性高斯白噪声。

图 6-10 为信噪比为 0dB 时伪码-线性调频信号经多相滤波器后的输出，图 6-11 为对多相滤波器输出的每一个信道数据进行三阶累积量对角切片短时估计后的输出。三阶累积量对角切片短时估计已经在 4.3 节中进行了阐述。从图 6-10 和图 6-11 对比可以看出，三阶累积量对高斯噪声有着很好的抑制效果。

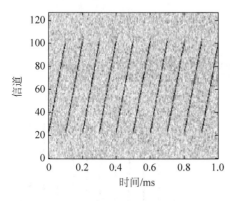

图 6-10　多相滤波器组输出时频图（0dB）　　图 6-11　三阶累积量估计器输出

从图 6-11 可以看出，伪码-线性调频信号在时频图上表现为多条平行的斜线段，Radon 变换是图像处理中从图像中识别几何形状的基本方法之一。其基本原理是利用点与线的对偶性，将原始图像空间的给定的直线通过其表达式变为参数空间的一个点。这样就把原始图像中给定直线的检测问题转化为寻找参数空间中的峰值问题。设直线的参数方程为 $\rho = x\cos\theta + y\sin\theta$，则一幅二维图像 $f(x, y)$ 的 Radon 变换定义为

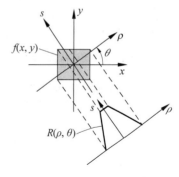

$$R(\rho, \theta) = \int_{-\infty}^{+\infty} f(\rho\cos\theta - s\sin\theta, \rho\sin\theta + s\cos\theta) \mathrm{d}s \quad (6\text{-}18)$$

图 6-12　Radon 变换原理示意图

式中，s 垂直于 ρ 并且 $s = y\cos\theta - x\sin\theta$。其原理如图 6-12 所示。

因为伪码-线性调频信号的时频图为多条平行的斜线段，因此可以利用 Radon 变换检测其斜率，根据这一性质，提出伪码-线性调频信号参数提取流程如图 6-13 所示。

参数估计步骤如下：

(1) 求信号时频图 $|\rho_{3x}(t, \omega)|$ 的 Radon 变换，得到 $R(\rho, \theta)$ 如图 6-14 所示。

(2) 对 $R(\rho, \theta)$ 进行预处理，在 $\theta = 90°$ 方向，数据加噪声的累加值有可能大于沿线性调频斜率方向的累计值，因此，对 $85° \leqslant \theta \leqslant 95°$ 区间内的 $R(\rho, \theta)$ 置零，即图 6-14 中 A 区域置零。

(3) 通过搜索 $R(\rho, \theta)$ 的峰值得到该峰值下的 θ 值，即 $\theta_{\mathrm{s}} = \underset{(\rho, \theta)}{\arg\max}(R)$，在该 θ_{s} 下，得到其一维切片 $R_{\theta_{\mathrm{s}}}(\rho)$。如图 6-14 中区域 B 所示，得到一维切片如图 6-15 所示。

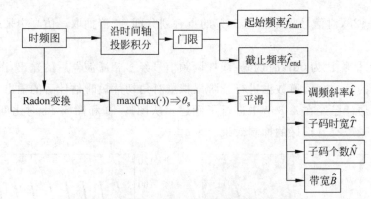

图 6-13 伪码-线性调频信号参数提取流程

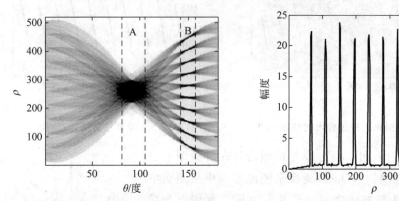

图 6-14 伪码-线性调频信号的 Radon 变换　　图 6-15 Radon 变换的一维切片 $R_{\theta_s}(\rho)$

（4）为去除在 θ_s 角度处噪声的干扰，采用邻域大小为 $\eta=10$ 的自适应维纳滤波，即：

$$b(n) = \mu + \frac{\max(\delta^2 - \nu^2, 0)}{\delta^2}(A(n) - \mu) \tag{6-19}$$

式中，$n \in (1, \eta)$，μ 和 δ^2 为局部均值和方差的估计，ν^2 为噪声方差的估计，得到去噪后的 $R_{\theta_s}(\rho)$ 如图 6-16 所示。

（5）为确保 $R_{\theta_s}(\rho)$ 只含有完整的码元并去除某些杂散点的干扰，以 $\max[R_{\theta_s}(\rho)]/2$ 为门限，将小于 $\max[R_{\theta_s}(\rho)]/2$ 的点置零，得到最终的 $R_{\theta_s}(\rho)$ 如图 6-17 所示。

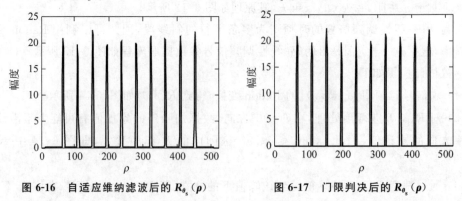

图 6-16 自适应维纳滤波后的 $R_{\theta_s}(\rho)$　　图 6-17 门限判决后的 $R_{\theta_s}(\rho)$

（6）通过对 $R_{\theta_s}(\rho)$ 进行一维峰值搜索可以得到伪码数目 N 以及相邻直线之间距离 d 的估计 $\hat{N}$ 和 $\hat{d}$，其中：

$$\hat{d} = (d_1 + d_2 + \cdots + d_{\hat{N}-1})/(\hat{N} - 1) \tag{6-20}$$

其对应关系如图 6-18 所示。

（7）根据 Radon 变换原理，复合信号码元宽度 T、带宽 B 与 Radon 变换后的 θ_s、直线间的距离 d 的关系如图 6-19 所示。单个码元宽度的估计为

$$\hat{T} = \frac{L}{f_s} \left| \frac{\hat{d}}{\cos(\theta_s)} \right| \tag{6-21}$$

带宽估计为

$$\hat{B} = \frac{f_s}{2L} \left| \frac{\hat{d}}{\sin(\theta_s)} \right| \tag{6-22}$$

调频斜率估计为

$$\hat{\mu} = \frac{\hat{B}}{\hat{T}} = \frac{f_s^2}{2L^2} \left| \cot(\theta_s) \right| \tag{6-23}$$

式中，f_s 为信号的采样频率，L 为滤波器组数。

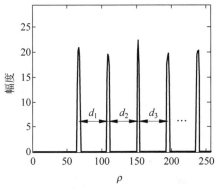

图 6-18 d 与 N 的估计示意图

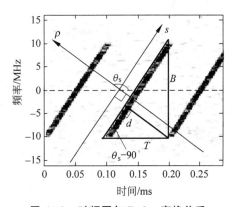

图 6-19 时频图与 Radon 变换关系

（8）将 $|\rho_{3x}(t,\omega)|$ 沿时间轴积分投影到频率轴上得到频率曲线 $|\rho_{3x}(\omega)|$ 如图 6-20 所示。以 $\max[|\rho_{3x}(\omega)|]/2$ 为门限，将小于 $\max[|\rho_{3x}(\omega)|]/2$ 的点置零，得到最终的频率曲线如图 6-21 所示。通过搜索 $|\rho_{3x}(\omega)|$ 的起始点和终止点得到信号起始频率 $\hat{f}_{\text{start}}$ 和截止频率 $\hat{f}_{\text{end}}$ 的估计，载频 $\hat{f}_c$ 可估计为

$$\hat{f}_c = (\hat{f}_{\text{start}} + \hat{f}_{\text{end}})/2 \tag{6-24}$$

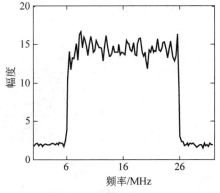

图 6-20 频率曲线 $|\rho_{3x}(\omega)|$

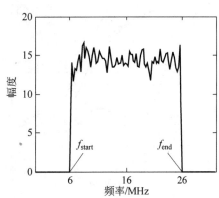

图 6-21 门限判决后的 $|\rho_{3x}(\omega)|$

6.4.2   性能分析与仿真实验

1. 计算量分析

高阶累积量庞大的计算量限制了其在实际中的应用,但本节方法因为只计算三阶累积量对角切片上的 $\hat{C}_3(0,0;k)$ 和 $\hat{C}_3(-1,1;k)$ 两点的值,大大降低了高阶累积量的运算量。对长度为 N 点的信号,分解为 L 个子带信号,每个子带信号长度为 Q。P 为大于 Q 的整数且为 2 的整数次幂,则利用多相滤波器组进行子带分解时需要进行 $3PL\log P + 3PL + QL\log L$ 次乘法、$3PL\log P + QL\log L$ 次加法;计算三阶累积量对角切片的短时估计只需要进行 $5N$ 次乘法、$17N$ 次加法,所以,总的运算量为 $3PL\log P + 3PL + QL\log L + 5N$ 次乘法、$3PL\log P + QL\log L + 17N$ 次加法;计算该信号的维格纳分布需要进行 $N^2 + N^2\log N$ 次乘法,$N^2\log N$ 次加法;而计算信号的循环谱和 SPWVD 的运算量均略大于计算信号的 WVD,因此,本节方法具有相对较小的运算量。

2. 仿真实验

为验证算法有效性,采用归一化均方根误差(NRMSE)作为衡量标准,设向量 $\boldsymbol{x} = (x_1, x_2, \cdots, x_N)$ 是 x 的 N 个估计值,则 x 的归一化均方根误差为:

$$\text{NRMSE} = \left[\frac{1}{N}\sum_{i=1}^{N}(x_i - \boldsymbol{x})^2\right]^{1/2}\bigg/\boldsymbol{x} \qquad (6-25)$$

仿真中采用零均值加性高斯白噪声,信噪比从 -14dB 到 0dB 变化,每个信噪比下进行 1000 次的蒙特卡洛试验。仿真结果如图 6-22～图 6-25 所示,图中分别给出了复合信号调频斜率、载频、码元宽度、伪码数目、带宽以及起止频率的估计结果。本节方法将与文献[4]中的谱相关(SCF)方法、文献[5]中的 Wigner 分布(WVD)方法、文献[6]中的平滑伪 Wigner 分布(SPWVD)方法一起对调频斜率、信号载频和码元时宽进行估计,以更好地说明本节方法的有效性。

图 6-22 给出了调频斜率 μ 的估计,当信噪比大于 0dB 时,本节方法的估计性能接近于对比方法的估计性能,当信噪比低于 0dB 时,本节方法估计精度较高,而其他的估计方法性能随着信噪比的降低而不断下降,甚至失效。图 6-23 为载频 f_c 的估计,当信噪比大于 -4dB 时,本节方法的估计精度略低于 SPWVD 和 WVD 方法,而当信噪比低于 -4dB 时,本节方法的估计精度均高于其他的 3 种方法。码元宽度 T 的估计性能如图 6-24 所示,当信噪比

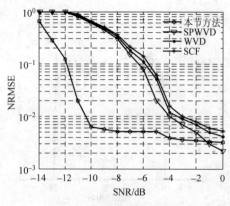

图 6-22   调频斜率 μ 的估计

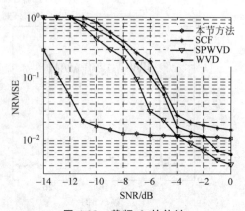

图 6-23   载频 f_c 的估计

低于 0dB 时,本节方法的估计精度均高于对比方法。图 6-25 给出了信号带宽 B、伪码数目 N、起止频率 f_{start} 和 f_{end} 的估计,从图中可以看出,当信噪比大于 -11dB 时,估计精度较高。

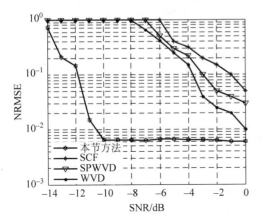

图 6-24　码元宽度 T 的估计

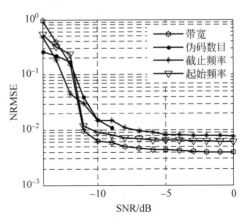

图 6-25　带宽、伪码数目、起止频率的估计

6.5　FSK/PSK 复合信号参数估计

FSK/PSK 复合信号因其优良的低截获性能在 LPI 雷达中获得了广泛的应用,因此研究低信噪比下 FSK/PSK 复合信号的参数估计对现代电子侦察具有重要的现实意义。

本节首先利用非线性变换消除 FSK/PSK 复合信号在频域上的扩频影响,获得一个包含完整 FSK 调制信息的参考信号;然后利用多相滤波器组和高阶累积量联合处理得到 FSK 信号的时频图,通过在时频图上提取频率曲线得到跳频频率的估计,提取时频脊线并差分可得到跳频序列、跳频周期的估计;最后利用估计得到的 FSK 调制参数信息,将原信号进行分段截取,得到只含 PSK 调制信息的参考信号,利用相应的跳频频率将 PSK 信号下变频为基带信号,对基带信号实部虚部分别逐点累加,通过对拐点信息的提取得到 PSK 信号码元宽度和伪码序列的估计。仿真实验表明本节方法可以在较低信噪比下实现复合信号的参数估计。

6.5.1　算法原理

电子侦察接收机截获到的信号可表示为:

$$s(t) = u(t) + n(t) \tag{6-26}$$

式中,$u(t)$ 为式(3-35)所表示的复合信号,$n(t)$ 为零均值高斯白噪声。算法首先对信号进行非线性变换以消除相位突变带来的影响,得到一个只携带跳频信息的参考信号,利用多相滤波器组实现信号在频域上的快速均匀划分,对输出的每个子带信号进行三阶累积量对角切片短时估计,然后经过包络检波得到信号完整的时频矩阵,从时频图上提取频率曲线可得到跳频频率 $\hat{f}_j$、倍频分量 $\hat{f}_0$、跳频分量数 $\hat{N}_F$ 的估计,提取时频脊线可得到跳频周期 $\hat{T}_F$ 和跳频序列 $\{\hat{c}_1, \hat{c}_2, \cdots, \hat{c}_{\text{NF}}\}$ 的估计,利用估计得到的 FSK 调制参数,从原信号中截取单个跳频点,得到只携带 PSK 调制信息的信号,将 PSK 信号下变频到基带后,对实部虚部逐点累加,提取输出序列中的拐点信息得到码元宽度 $\hat{T}_B$ 和伪码序列 $\hat{b}_k$ 的估计,具体参数估计流程如

图 6-26 所示。

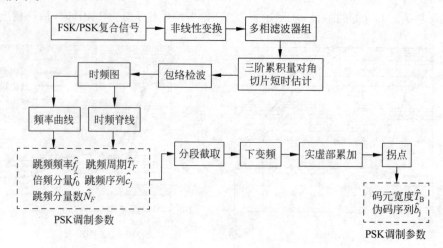

图 6-26   FSK/PSK 复合信号参数估计流程

6.5.2   信号预处理

对式(6-26)进行非线性变换得参考信号为:

$$s^2(t) = u^2(t) + 2u(t)n(t) + n^2(t)$$

$$= \left[\frac{1}{\sqrt{N_B N_F}} \sum_{j=0}^{N_F-1} \sum_{k=0}^{N_B-1} c_k v(t - jT_F - kT_B)\right]^2 e^{j2\pi(2f_j)t} + 2u(t)n(t) + n^2(t)$$

$$= \frac{1}{N_F} \sum_{j=0}^{N_F-1} v(t - jT_F) e^{j2\pi(2f_j)t} + 2u(t)n(t) + n^2(t)$$

$$= \frac{1}{N_F} \sum_{j=0}^{N_F-1} v(t - jT_F) e^{j2\pi(2f_j)t} + n'(t) \tag{6-27}$$

分析式(6-27)可知,参考信号 $s^2(t)$ 中不含相位突变信息,与原信号具有相同的跳频周期,跳频频率变为原信号的 2 倍。即 $s^2(t)$ 可以看作是受噪声 $n'(t)$ 污染的跳频信号,但信号和噪声在非线性变换时会产生交叉干扰,这会导致输出的参考信号信噪比降低;同时信号平方后可能导致信号频率违背 Nyquist 采样定理,带来频率测量的模糊问题,实际处理中需考虑信号噪声的抑制和解频率模糊这两方面的问题。

6.5.3   FSK 调制参数估计算法

对信号进行预处理后,利用多相滤波器组与高阶累积量联合处理得到信号的时频图,处理流程与 6.4.1 节中图 6-9 相同,即得到信号的时频图表示 $|\rho_{3x}(t,\omega)|$。

FSK/PSK 复合信号参数设置为:二相码采用重复 10 个周期的 13 位巴克码,符号个数 $N_B = 130$,码元宽度 $T_B = 1\text{ms}$;跳频序列采用 Costas 码,编码个数 $N_F = 10$,编码 $\{c_1, c_2, \cdots, c_{10}\} = \{1, 2, 4, 8, 5, 10, 9, 7, 3, 6\}$,频率 $f_0 = 1\text{kHz}$,跳频周期 $T_F = 130\text{ms}$,采样频率 $f_s = 5\text{MHz}$。低通原型滤波器通带截止频率为 100Hz,阻带起始频率为 110Hz,阻带衰减为 -80dB,阶数为 4750,多相滤波器组数为 500 组,250 倍抽取。在信噪比为 -5dB 时包络检

波后输出的时频图如图 6-27 所示,表现为多条平行于时间轴的直线段。图 6-28 为通过高阶累积量去噪后的时频图,图中清晰地反映了跳频频率、跳频周期以及跳频频率随时间变化的规律等信息,因为在频点上进行的相位调制会产生扩频效应,使每个频点的频率分布范围很宽,不利于跳频频率的估计。进行非线性变换后,如图 6-29 和图 6-30 所示,消除了相位调制的扩频效应,除跳频频率变为原信号的 2 倍外,其他参数信息保持不变。

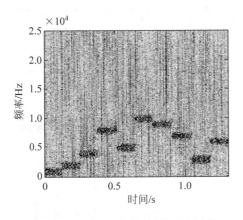

图 6-27 FSK/PSK 信号时频图(去噪前)

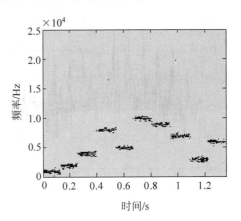

图 6-28 FSK/PSK 信号时频图(去噪后)

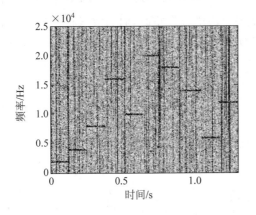

图 6-29 复合信号平方后时频图(去噪前)

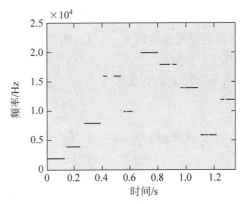

图 6-30 复合信号平方后时频图(去噪后)

复合信号的时频图全面地反映了信号在时域和频域的参数信息,下面给出基于时频图像的参数估计具体步骤:

(1) 将 $|\rho_{3x}(t,\omega)|$ 沿时间轴积分投影到频率轴上得到频率曲线 $Y(\omega) = \int_0^T |\rho_{3x}(t,\omega)| \, \mathrm{d}t$,图 6-31 为信噪比为 $-5\mathrm{dB}$ 时的频率曲线,图 6-32 为高阶累积量去噪后的频率曲线,两图相比可见高阶累积量对噪声有着很好的抑制效果。取门限 $M = \max[Y(\omega)]/2$,搜索局部极大值点的位置可得到各频点频率的估计:

$$\hat{f}_j = (f_{j^+} + f_{j^-})/4 \quad 1 \leqslant j \leqslant H \tag{6-28}$$

式中: $f_{j^+} = \underset{i}{\arg}(Y(i) > M \text{ 且 } Y(i+1) < M)$, $f_{j^-} = \underset{i}{\arg}(Y(i) > M \text{ 且 } Y(i-1) < M)$,统计局部极大值点个数可得跳频分量数的估计:

$$\hat{N}_{\mathrm{F}} = H \tag{6-29}$$

进而可得倍频分量的估计为：

$$\hat{f}_0 = \frac{1}{\hat{N}_{\mathrm{F}} - 1} \sum_{j=1}^{\hat{N}_{\mathrm{F}}-1} (\hat{f}_{j+1} - \hat{f}_j) \tag{6-30}$$

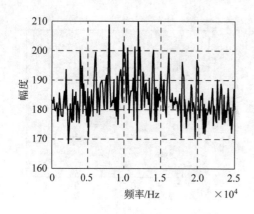

图 6-31　FSK 信号频率曲线（去噪前）　　　图 6-32　FSK 信号频率曲线（去噪后）

（2）为进一步估计频率的跳变规律，从时频图上提取时频脊线 $F(k) = \arg\max_i [|\rho_{3,i}(k)|]$，图 6-33 为信噪比为 -5dB 时的时频脊线，在受噪声污染较严重时，时频脊线存在较多毛刺，在 $F(k)$ 上搜索连续跳变点，将这些点用其相邻非跳变点的值取代，得到去毛刺后的时频脊线如图 6-34 所示。

时频脊线表达式也可写成：

$$F(k) = \sum_j 2f_j v(k - jT_{\mathrm{F}}) \tag{6-31}$$

式中，f_j 为跳频频率，$v(t) = \mathrm{rect}\left(\dfrac{t}{T_{\mathrm{F}}}\right)$ 是宽度为 T_{F} 的矩形脉冲。所以第一个跳频点频率可估计为：

$$\hat{f}_1 = F(1) \tag{6-32}$$

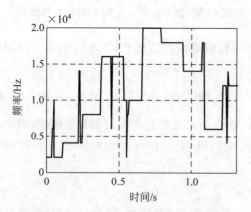

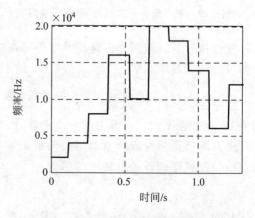

图 6-33　FSK 信号时频脊线（去毛刺前）　　　图 6-34　FSK 信号时频脊线（去毛刺后）

（3）对式（6-31）进行差分后得新序列：

$$F'(k) = F(k+1) - F(k), \quad 1 \leqslant k \leqslant Q-1 \tag{6-33}$$

所得结果如图 6-35 所示，通过搜索局部极值点得到点列(A_j, B_j)，$1 \leqslant j \leqslant \hat{N}_F - 1$，$A_j$ 表示极值点大小，B_j 表示极值点位置，所以得跳频频率跳变顺序为：

$$\begin{cases} \hat{f}_2 = \hat{f}_1 + A_1 \\ \hat{f}_3 = \hat{f}_2 + A_2 \\ \vdots \\ \hat{f}_j = \hat{f}_{j-1} + A_{j-1}, \quad 1 \leqslant j \leqslant \hat{N}_F \end{cases} \tag{6-34}$$

进而可得到跳频序列的估计值为：

$$\hat{c}_j = \hat{f}_j / \hat{f}_0 \tag{6-35}$$

跳频周期即图 6-35 中两峰值之间的距离，其估计值为：

$$\hat{T}_F = \frac{1}{\hat{N}_F - 1} \sum_{j=1}^{\hat{N}_F - 1} (B_{j+1} - B_j) \tag{6-36}$$

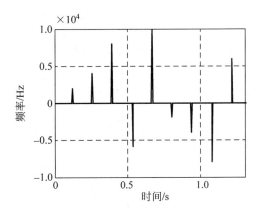

图 6-35　FSK 信号时频脊线差分曲线

6.5.4　PSK 调制参数估计算法

6.5.3 节中得到了 FSK 调制的参数信息，为进一步估计每个频点上的 PSK 调制参数，利用估计得到的跳频周期、跳频序列等参数，从接收到的整个信号中截取一个跳频点进行分析，则其表达式为：

$$u(t) = \frac{1}{\sqrt{N_B}} \sum_{k=0}^{N_B - 1} b_k v(t - kT_B) e^{j(2\pi f_j t)} + n(t) \tag{6-37}$$

式中，N_B 为伪码序列位数，$b_k = \{+1, -1\}$ 为二进制伪码序列，T_B 为码元宽度，f_j 为跳频频率，$v(t) = \frac{1}{\sqrt{T_B}} \text{rect}\left(\frac{t}{T_B}\right)$ 为子脉冲函数，$n(t)$ 为零均值高斯白噪声。利用上节估计得到的跳频频率 $\hat{f}_j$，将该频点下变频至基带信号：

$$u_1(t) = u(t) e^{-j2\pi \hat{f}_j t}$$

$$= \frac{1}{\sqrt{N_{\mathrm{B}}}} \sum_{k=0}^{N_{\mathrm{B}}-1} b_k v(t - kT_{\mathrm{B}}) \mathrm{e}^{\mathrm{j}2\pi(f_j - \hat{f}_j)t} + n_1(t) \tag{6-38}$$

信号仿真参数设置同 6.5.3 节,为便于图示,在每个频点中只取前 13 位伪码序列进行仿真。当载频估计正确且不含噪声时,得到的基带信号即是伪码序列如图 6-36 所示,当信噪比为 0dB 时,得到的基带信号如图 6-37 所示,从图中可以看出,直接从基带信号中提取伪码序列,在信噪比较低时难以实现。

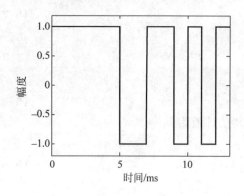

图 6-36　无噪声时 PSK 基带信号　　　　图 6-37　信噪比 0dB 时 PSK 基带信号

将式(6-38)所示的基带信号实部和虚部分别表示为:

$$u_{1\mathrm{Re}}(t) = \frac{1}{\sqrt{N_{\mathrm{B}}}} \sum_{k=0}^{N_{\mathrm{B}}-1} b_k v(t - kT_{\mathrm{B}}) \cos[2\pi(f_j - \hat{f}_j)t] + \mathrm{Re}[n_1(t)] \tag{6-39}$$

$$u_{1\mathrm{Im}}(t) = \frac{1}{\sqrt{N_{\mathrm{B}}}} \sum_{k=0}^{N_{\mathrm{B}}-1} b_k v(t - kT_{\mathrm{B}}) \sin[2\pi(f_j - \hat{f}_j)t] + \mathrm{Im}[n_1(t)] \tag{6-40}$$

将 $u_{1\mathrm{Re}}(t)$ 和 $u_{1\mathrm{Im}}(t)$ 离散化表示为 $u_{1\mathrm{Re}}(n)$ 和 $u_{1\mathrm{Im}}(n)$,然后分别逐点累加,即:

$$S_{\mathrm{Re}}(n) = \sum_{i=1}^{n} u_{1\mathrm{Re}}(i), \quad n = 1, 2, \cdots, N \tag{6-41}$$

$$S_{\mathrm{Im}}(n) = \sum_{i=1}^{n} u_{1\mathrm{Im}}(i), \quad n = 1, 2, \cdots, N \tag{6-42}$$

则 $S_{\mathrm{Re}}(n)$ 和 $S_{\mathrm{Im}}(n)$ 的拐点位置对应着伪码序列的相位跳变点,这是因为伪码序列采用的是二进制序列,因此在每个相位跳变点,$u_{1\mathrm{Re}}(t)$ 和 $u_{1\mathrm{Im}}(t)$ 的值会反向,当对其进行逐点累加后,在相位跳变点,必然出现拐点,通过对拐点值的提取,即可得到码元的跳变位置。且曲线中渐进增加部分对应伪码序列的正值,渐进减少部分对应伪码序列的负值。由于实部与虚部的值之间存在反比的关系,即虚部较大时,实部较小,所以当虚部拐点不明显时,实部拐点会很明显;反之亦成立,且两者拐点位置一致,因此,为强化曲线中的拐点信息,取两者的和来进行码元跳变位置的提取:

$$S(n) = S_{\mathrm{Re}}(n) + S_{\mathrm{Im}}(n) \tag{6-43}$$

图 6-38 为无噪声环境下 $S(n)$ 的输出图,图 6-39 为 0dB 时 $S(n)$ 的输出图,从图中可以看出,在 0dB 时可以很容易地提取曲线中的拐点信息,从而得到伪码序列。

下面给出 PSK 调制参数估计算法的具体步骤:

（1）根据调制周期的估计值 $\hat{T}$，跳频频率的估计值 $\hat{f_j}$，截取一段只含有 PSK 调制信息的单个跳频点数据。

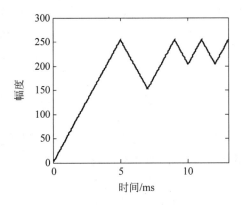 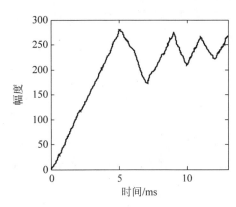

图 6-38　无噪声时实部虚部逐点累加输出曲线　　　图 6-39　信噪比为 0dB 时实虚部累加输出曲线

（2）该跳频点频率 $\hat{f_j}$ 即为 PSK 信号载频，对信号进行下变频得到基带信号。

（3）将基带信号的实部虚部分别进行逐点累加求和，得到两个含有相位跳变信息的新序列，对这两个序列求和，得到序列 $S(n)$。

（4）在 $S(n)$ 中存在着许多小的毛刺，会产生许多虚假的拐点，因此采用邻域大小为 $\eta=10$ 的自适应维纳滤波对累加得到的结果进行平滑，去除毛刺影响，保留真实拐点信息，在信噪比为 0dB 时平滑后的效果如图 6-40 所示。

（5）设定一个邻域，邻域窗长为 M，在序列 $S(n)$ 中，将邻域窗逐点向右滑动，当该邻域中心点的值大于它左右所有点的值时，表明该点为峰值，将其记录在序列 $S_1(n)$ 中，并记为正值：

$$S_1(k) = |S(k)| \tag{6-44}$$

当该邻域中心点的值小于它左右所有点的值时，表明该点为谷值，将其记录在序列 $S_1(n)$ 中，并记为负值：

$$S_1(k) = -|S(k)| \tag{6-45}$$

最终得到的拐点值分布如图 6-41 所示。在对拐点值的搜索中，需对邻域窗长 M 进行设定，M 的值若太小会导致虚假拐点增多，M 值太大又容易遗漏真实拐点，又因为两拐点之间的最小距离即为一个码元宽度，所以，比较合理的 M 值应当大于半个码元宽度而小于一个码元宽度，因此，在对 M 的值进行设定前，应对码元宽度进行一次初步估计。估计方法为：

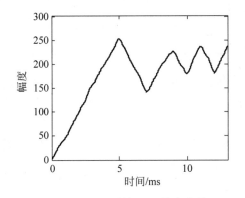 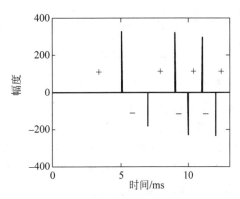

图 6-40　平滑后的 $S(n)$ 输出曲线　　　　　图 6-41　序列拐点分布图

① 对步骤(2)得到的基带信号进行 FFT。

② 估计得到基带信号频谱的 3dB 带宽 $\hat{B}_{\mathrm{B}}$。

③ 利用伪码调相信号码元宽度与 3dB 带宽近似为反比的关系,得到码元宽度的初步估计为

$$\hat{T}_{\mathrm{B}} = 1/\hat{B}_{\mathrm{B}} \tag{6-46}$$

④ 将 M 的值设定为:

$$M = \frac{2}{3}\hat{T}_{\mathrm{B}} \tag{6-47}$$

(6) 因为在序列 $S(n)$ 中,渐进增加部分对应伪码的正值,渐进减少部分对应伪码的负值,因此,对序列 $S_1(n)$ 中的拐点值进行判断,当拐点为峰值时,则其左边为正,右边为负;当拐点为谷值时,则其左边为负,右边为正,其对应关系如图 6-41 所示。

(7) 搜索 $S_1(n)$ 中拐点的位置,找到相邻拐点距离最小的点,则此最小距离即为伪码序列码元宽度 T_{B} 的估计 $\hat{T}_{\mathrm{B}}$。

(8) 根据图 6-41 中各拐点之间距离与伪码序列码元宽度 $\hat{T}_{\mathrm{B}}$ 之间的倍数关系,得到最终的伪码序列值为 $\hat{b}_k = \{1,1,1,1,1,-1,-1,1,1,-1,1,-1,1\}$。

6.5.5 仿真实验

实验一:FSK 调制参数估计性能仿真

为验证算法有效性,采用与 6.5.3 节相同的仿真条件,仿真中采用零均值加性高斯白噪声,在信噪比分别为 $-5\mathrm{dB}$、$-6\mathrm{dB}$ 和 $-7\mathrm{dB}$ 时,FSK/PSK 复合信号参数理论值与采用本节算法所得到的估计值对比如表 6-3 所示。

表 6-3　复合信号中 FSK 调制参数估计结果

参　数	分量数	倍频分量	跳频周期	跳　频　序　列
理论值	10	1000Hz	130ms	1,2,4,8,5,10,9,7,3,6
估计值($-5\mathrm{dB}$)	10	1000Hz	130.5ms	1,2,4,8,5,10,9,7,3,6
估计值($-6\mathrm{dB}$)	11	900Hz	118ms	1,2,11,4,8,8,10,9,7,3,6
估计值($-7\mathrm{dB}$)	14	730Hz	93ms	1,2,11,4,8,14,5,10,1,10,12,7,3,4
理论值	1000,2000,3000,4000,5000,6000,7000,8000,9000,10000			
估计值($-5\mathrm{dB}$)	1000,2000,3000,4000,5000,6000,7000,8000,9000,10000			
估计值($-6\mathrm{dB}$)	1000,2000,3000,4000,5000,6000,7000,7500,8000,9000,10000			
估计值($-7\mathrm{dB}$)	500,1000,1800,2000,3000,3100,4000,5000,6000,7000,7500,8000,9000,10000			

从表 6-3 可以看出,在 $-5\mathrm{dB}$ 时,估计准确率较高,在信噪比降到更低时,估计结果出现了较大的偏差,为进一步衡量参数估计算法性能,信噪比从 $-10\mathrm{dB}$ 到 $5\mathrm{dB}$ 变化,每个信噪比下进行 1000 次蒙特卡洛实验。仿真结果如图 6-42 和图 6-43 所示,图中分别给出了复合信号跳频频率、跳频分量数、倍频分量、跳频序列和跳频周期的估计正确率曲线(对跳频频率、倍频分量、跳频周期的估计误差小于 0.1% 时则认为估计正确;对跳频分量数、跳频序列的估计误差为 0 时认为估计正确)。

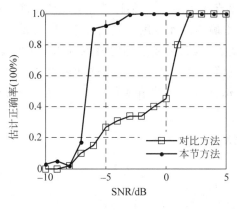

图 6-42　复合信号跳频频率估计的正确率

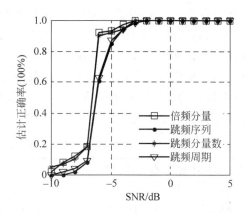

图 6-43　其他 FSK 参数估计的正确率

为更好地说明本节方法的有效性,对比文献[7]中的基于循环累积量的跳频频率估计方法。图 6-42 给出了复合信号跳频频率的估计正确率,从图中可以看出,在信噪比大于−5dB 时,本节提出的算法对复合信号跳频频率的估计正确率达到 90% 以上,而文献[7]的方法要达到 90% 以上的正确率所需的信噪比为 1.5dB。如图 6-43 所示为复合信号其余参数的估计正确率,从图中可得,在对倍频分量、跳频分量数进行估计时,当信噪比大于−5dB 时,估计正确率达到了 90% 以上,在对跳频序列和跳频周期的估计中,要达到 90% 以上的正确率所需信噪比为−4dB。表明本节方法能够在较低信噪比下实现对 FSK/PSK 复合信号的多参数估计。

实验二: PSK 调制参数估计性能仿真

仿真条件与 6.5.3 节相同,根据估计得到的跳频频率、跳频周期截取第一个频点,得到一个载频为 1kHz 的 PSK 信号,为便于图示,仿真中取该频点 130 个码元中的前 13 位,采用零均值加性高斯白噪声,在信噪比分别为−5dB、−6dB 和−7dB 时,复合信号中 PSK 调制参数理论值与采用本节算法所得到的估计值对比如表 6-4 所示。

表 6-4　复合信号中 PSK 调制参数估计结果

理论值及估计值	载　　频	码元宽度	伪码序列
理论值	1000Hz	1ms	1,1,1,1,1,−1,−1,1,1,−1,1,−1,1
估计值(−5dB)	1000Hz	1ms	1,1,1,1,1,−1,−1,1,1,−1,1,−1,1
估计值(−6dB)	1000Hz	1ms	1,1,1,1,−1,−1,−1,1,1,−1,1,−1,1
估计值(−7dB)	980Hz	0.8ms	1,1,1,1,1,1,−1,−1,−1,1,1,1,−1,1,−1,1,−1

从表 6-4 可以看出,在信噪比为−5dB,且载频估计正确时,码元宽度和伪码序列的估计正确率较高,但随着信噪比的降低以及载频估计误差的变大,估计结果出现较大偏差,为进一步衡量算法性能,分别从载频误差对算法性能的影响和噪声对算法性能的影响两个方面进行分析。

(1)载频误差对算法性能的影响。

在无噪声环境下,仿真中载频从 950Hz 到 1kHz 变化,得到的 PSK 调制参数估计结果如表 6-5 所示。从表 6-5 可以看出,当信号载频的估计误差在一定范围之内时,对算法的估计性能没有明显影响,但若载频估计误差超出此范围后,算法的估计性能会急剧下降。在本实验中,当载频误差超过 30Hz 后,无法估计出正确的码元宽度和伪码序列,这主要是因为载频误差导致基带信号频率过高,在非相位突变点,其实部或虚部的值也可能发生突变,致使其累加结果出现拐点,造成误判。虚假的拐点信息使得码元宽度的估计偏差很大且无规律,进而导致伪码序列的错误估计。因此,为了保证本算法的精度和稳定性,对载频的估计误差应保持在一定的范围之内。

表 6-5　载频误差对算法性能的影响

理论值及估计值	载　　频	码元宽度	伪 码 序 列
理论值	1000Hz	1ms	1,1,1,1,1,−1,−1,1,1,−1,1,−1,1
估计值	990Hz	1ms	1,1,1,1,1,−1,−1,1,1,−1,1,−1,1
估计值	980Hz	1ms	1,1,1,1,−1,−1,−1,1,1,−1,1,−1,1
估计值	970Hz	0.38ms	1,1,1,1,1,1,1,1,1,1,1,1,1,1,1,−1,−1,−1,−1,−1, −1,−1,−1,−1,1,1,1,1,−1,1,−1,1,−1,1,−1
估计值	960Hz	0.98ms	1,1,1,1,1,−1,−1,1,1,1,1,−1,1,−1
估计值	950Hz	0.42ms	1,1,1,1,1,1,1,1,1,1,1,1,1,−1,−1,−1,−1,−1,−1, −1,−1,1,−1,1,−1,1,1,−1,1,−1

（2）噪声对算法性能的影响。

假设信号载频估计误差在允许范围之内,为进一步衡量参数估计算法性能,信噪比从 −10dB 到 5dB 变化,每个信噪比下进行 1000 次蒙特卡洛实验,仿真结果如图 6-44 所示,图中分别给出了 PSK 信号码元宽度和伪码序列的估计正确率曲线（对码元宽度的估计误差小于 1% 时认为估计正确；对伪码序列的估计误差为 0 时认为估计正确）。

图 6-44 给出了复合信号中 PSK 调制参数的伪码序列、码元宽度的估计正确率,从图中可以看出,在信噪比大于 −4dB 时,估计正确率达到了 80% 以上,表明本节方法能够在较低信噪比下实现对 PSK 调制参数的估计。

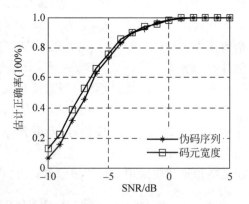

图 6-44　伪码序列、码元宽度估计正确率

6.6　雷达辐射源信号瞬时频率估计

雷达信号是一种非平稳信号,其特点是持续时间有限,并且是时变的。传统的傅里叶频率不能对其进行有效描述,瞬时频率（Instantaneous Frequency,IF）反映了信号频率随时间的变化规律,包含了丰富的信号调制信息,是表征非平稳信号的重要参数。因此 IF 估计在雷达信号处理中有着重要的研究意义。

瞬时频率最早是由 Carson、Fry 和 Gabor 分别定义的,后来 Ville 统一了这两种不同的定义,将信号 $s(t)=a(t)\cos[\phi(t)]$ 的瞬时频率定义为:

$$f_i(t) = \frac{1}{2\pi}\frac{\mathrm{d}}{\mathrm{d}t}\big[\arg(z(t))\big] \tag{6-48}$$

式中，$z(t)$ 是实信号 $s(t)$ 的解析形式，$\arg()$ 为取相位运算符。同时 Ville 还给出了瞬时频率的时频定义式：

$$\hat{f}(t) = \frac{\displaystyle\int_{-\infty}^{+\infty} fW(t,f)\,\mathrm{d}f}{\displaystyle\int_{-\infty}^{+\infty} W(t,f)\,\mathrm{d}f} \tag{6-49}$$

式中，$W(t,f)$ 为信号的魏格纳变换，式(6-48)和式(6-49)是等价的。

针对低信噪比下调频信号的 IF 估计，本节分别从时频峰值检测和时频图像处理两个方面入手，给出了两种 IF 估计方法。

6.6.1　基于时频峰值检测的 IF 估计方法

根据信号时频分布的时频聚集特性，信号的能量在时频域内将沿着 IF 的方向产生聚集，从而可以对时频面进行峰值检测，即可得到信号的 IF 估计。采用时频峰值检测方法要求时频分布能准确地表征信号能量分布，对信号 WVD 和 CWD 时频分布矩阵作 Hadamard 积，便得到了时频聚集性高且能有效抑制交叉项的时频分布；为了能在较低信噪比下得到准确的初始 IF 估计，以信号时频分布峰值在信号项时频聚集区域的分布概率为准则，得到时频分析数据窗长度，并根据该窗长估计初始 IF；最后依据初始 IF，采用交叉置信区间算法对时频分布峰值进行检测，得到信号的瞬时频率值，具体流程如图 6-45 所示。

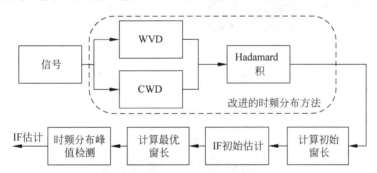

图 6-45　改进的时频峰值 IF 估计流程图

1. 改进的时频分析方法

本节主要通过时频分布峰值检测方法估计出信号的 IF 曲线，为了提升估计效果，需要时频分布具有较高的时频聚集性，使得信号时频能量聚集在 IF 曲线附近，同时又能消除交叉项的影响。WVD 是一种最基本，也是应用最多的时频分布，其定义如下：

$$\mathrm{WVD}(t,\omega) = \int s(t+\tau/2)s^*(t-\tau/2)\mathrm{e}^{-\mathrm{j}2\pi\omega\tau}\,\mathrm{d}\tau \tag{6-50}$$

WVD 在时频分析中有理论上最高的时频分辨率，但对于信号频率随时间呈非线性变化以及信号包含多个分量时，会产生交叉项。交叉项提供了虚假的能谱分布，使得对信号的分析和解释变得困难。Cohen 类时频分布通过核函数对 WVD 进行平滑，可以有效地抑制交叉项的干扰，但同时也降低了信号的时频分辨率，现有的时频分析方法大都是在抑制交叉项和保持高时频分辨率之间做一个折中，其中 Choi-Williams 分布是一种能够有效抑制和

消除交叉项的时频分析方法,其表达式如下:

$$\mathrm{CWD}(t,\omega) = \iint \frac{1}{\sqrt{4\pi\tau^2/\sigma}} \exp\left[-\frac{(t-u)^2}{4\tau^2/\sigma}\right] s\left(t+\frac{\tau}{2}\right) s^*\left(t-\frac{\tau}{2}\right) e^{-j\omega\tau} du d\tau \quad (6\text{-}51)$$

式中,σ 为衰减系数,它与交叉项的幅值成比例关系,当 $\sigma \to \infty$ 时,式(6-51)就等效成为魏格纳-威尔分布,此时具有最高的时频聚集性,但信号间的交叉项也最为严重;反之,σ 越小,交叉项的衰减就越大,信号时频聚集性越低。本节应用 CWD 主要是尽可能地抑制交叉项,对此衰减系数 σ 取为 0.05。将 WVD 和 CWD 对应元素相乘[8],即对时频分布矩阵 $\mathrm{WVD}(t,\omega)$ 和 $\mathrm{CWD}(t,\omega)$ 作 Hadamard 积,得到联合时频分布 $M(t,\omega)$:

$$M(t,\omega) = \mathrm{WVD}(t,\omega) \odot \mathrm{CWD}(t,\omega) \quad (6\text{-}52)$$

图 6-46 和图 6-47 分别为正弦频率调制信号(SFM)的 WVD 和 CWD,图 6-48 为信号的联合时频分布,从图中可见该方法有效地消除了 WVD 产生的交叉项,同时在时频面上信号区域得到增强,其时频分辨率和 WVD 接近。

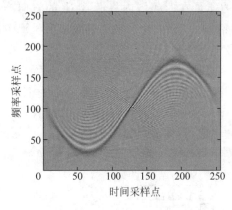

图 6-46 SFM 信号的 WVD

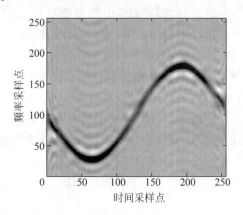

图 6-47 SFM 信号的 CWD

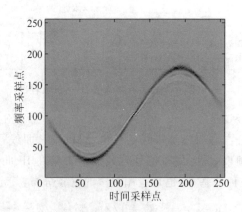

图 6-48 混合时频分布

2. 基于交叉置信区间的瞬时频率估计

信号项的时频分布主要聚集在 IF 曲线附近,因而采用时频分布峰值检测法估计信号的 IF 在理论上是十分有效的,此时信号的 IF 估计实际上就是解决下面的优化问题:

$$\widehat{\omega}_h(t) = \arg\left[\max_{\omega} P_h(\omega,t)\right] \quad (6\text{-}53)$$

在基于时频分布峰值检测的 IF 估计方法中,为了获得信号在某个时刻 t 的 IF,需要对邻近 t 时刻的一段信号进行时频分布计算,这样所选信号区域数据窗的长短将成为一个关键的问题。文献[9]推导出频率调制信号 IF 估计的均方根误差(Mean Square Error,MSE)可以表示成以下形式:

$$\mathrm{MSE}(h; n) = \mathrm{bias}^2\{\widehat{\omega}_h(n)\} + \mathrm{var}\{\widehat{\omega}_h(n)\} \qquad (6\text{-}54)$$

$$\mathrm{bias}\{\widehat{\omega}_h(t)\} = \sqrt{B(t)h^n}, \quad n \in N^+ \qquad (6\text{-}55)$$

$$\mathrm{var}\{\widehat{\omega}_h(t)\} = V/h^m, \quad m \in N^+ \qquad (6\text{-}56)$$

式中,h 是信号时频分析窗长,$B(k)$ 由信号确定,由式(6-54)可以看出,IF 估计偏差 $\mathrm{bias}\{\widehat{\omega}_h(t)\}$ 随着窗长的增大而增大,而方差 $\mathrm{var}\{\widehat{\omega}_h(t)\}$ 随着窗长的增大而减小,对此需选用一个合适的数据窗长,使得 MSE 最小。文献[10]提出采用自适应窗长方法估计 IF,在偏差和方差之间做一个折中,选择一个最优窗长使得 MSE 最小。为了避免初始估计中出现大的偏差,自适应窗长 IF 估计方法采用较窄的窗长,然而随着信噪比的降低,较窄的数据窗长会使得时频分布的峰值不在信号自项区域的概率增大,从而不能得出信号初始 IF 的有效估计,最终导致 IF 估计出现较大的偏差。文献[11]中指出加噪信号的时频分布峰值分布在信号自项时频聚集区域内的概率为

$$P_\mathrm{O}(h) = \frac{1}{\sqrt{2\pi}\sigma_\mathrm{TF}} \int_{-\infty}^{\infty} \left(1 - 0.5\mathrm{erfc}\left(\frac{\xi}{\sqrt{2}\sigma_\mathrm{TF}}\right)\right)^{h-1} \exp(-(\xi - hA^2)^2/2\sigma^2{}_\mathrm{TF})\mathrm{d}\xi \ (6\text{-}57)$$

式中,$\sigma_\mathrm{TF}^2 = h\sigma^2(2A^2 + \sigma^2)$ 为信号时频分布的方差,其中 σ^2 为噪声方差,A 为信号幅度。由于在较低信噪比时,较窄的窗长会造成时频分布的峰值在信号自项区域的概率比较低,对此本节在进行 IF 初始估计时不是以估计偏差最小为准则,而是使得信号时频分布的峰值尽可能分布在信号自项的时频聚集区域之内,即在真实的 IF 曲线附近。通过设置阈值 P_thr,选择满足 $P_\mathrm{O}(h) \geqslant P_\mathrm{thr}$ 的最窄窗长,进而估计出 IF 初始值。由于时频分析方法具有良好的抗噪声性能,因而选取较大的 P_thr 仍可保证较小的估计偏差。同时为了能在较低信噪比下更有效地估计 IF,采用交叉置信区间算法得到最优窗长,最终估计出信号的瞬时频率值。瞬时频率估计的值 $\widehat{\omega}(n)$ 和真实值 $\omega(n)$ 满足以下不等式[9]:

$$|\omega(n) - (\widehat{\omega}_i(n) - \mathrm{bias}(n, h_i))| \leqslant \alpha\sigma(h_i) \qquad (6\text{-}58)$$

$\mathrm{bias}(n, h_i)$ 为估计偏差,$\sigma(h_i)$ 为标准差,h_i 是 IF 估计时采用的窗长。式(6-58)以 $P(\alpha)$ 概率成立,其中 α 为标准正态分布的分位点,随着 α 的增大,$P(\alpha) \to 1$。IF 估计的置信区间定义为:$D(i) = [L_i, U_i]$。

$$\begin{cases} L_i = \widehat{\omega}_i(n) - (\alpha + \alpha')\sigma(h_i) \\ U_i = \widehat{\omega}_i(n) + (\alpha + \alpha')\sigma(h_i) \end{cases} \qquad (6\text{-}59)$$

当置信区间序列满足以下条件时:

$$\begin{cases} D(1) \cap D(2) \cap \cdots \cap D(s) \neq \Phi, & 1 \leqslant s \leqslant k \\ D(1) \cap D(2) \cap \cdots \cap D(s) \cap D(s+1) = \Phi, & 1 \leqslant s \leqslant k, \Phi \text{是空集} \end{cases} \qquad (6\text{-}60)$$

置信区间 $D(1), D(2), \cdots, D(s)$ 中至少有一个共同的数据点,该数据点就是 IF 的真实值 $\omega(n)$。而置信区间 $D(s+1)$ 和其他置信区间没有交叉区域,从而确定最优窗长为 h_s,具体通过求解满足以下不等式的最大窗长得到最优窗长 h_s[11]。

$$| \hat{\omega}_s(n) - \hat{\omega}_{s-1}(n) | \leqslant (\alpha + \alpha')[\sigma(h_s) + \sigma(h_{s-1})] \tag{6-61}$$

本节 IF 估计方法步骤归纳如下：

(1) 设窗长集合 $H = \{h_1 < h_2 < \cdots < h_q\}$，窗长的选择要和 FFT 计算相适应，$h_i = 2^i h_0$，$h_0 = 2^r, r \in N^+$；

(2) 选取满足 $P_O(h) \geqslant P_{thr}$ 的最窄窗长，并根据该窗长采用时频分布峰值检测法估计初始 IF；

(3) 以初始 IF 为基础，采用交叉置信区间算法估计最优窗长；

(4) 根据最优窗长估计 IF；

(5) 对于所有时间采样点重复步骤(2)～(4)。

3. 仿真实验和结果分析

通过 MATLAB 仿真对基于时频峰值检测的 IF 估计方法性能进行验证。首先产生正弦调频信号(SFM)，载频为 20MHz，采样频率取 200MHz，脉冲宽度为 11μs，为了简化分析和计算，信号幅度设为 1。分别采用 WVD 峰值检测法[12]、时频分布一阶矩法[13] 和本节采用的方法对信号进行瞬时频率估计。仿真中 $P_{thr} = 0.97$，噪声为高斯白噪声，信噪比变化范围为 -9～12dB，分别对 3 种 IF 估计方法做 500 次蒙特卡洛实验。定义均方误差如下：

$$MSE = 10\log\left[\frac{1}{N}\sum_{n=0}^{N-1}(\hat{\omega}(t) - \omega(t))^2\right] \tag{6-62}$$

式中，N 为信号采样点数，$\hat{\omega}(t)$ 为 IF 的估计值，$\omega(t)$ 为 IF 的真实值。表 6-6 以 SFM 信号为例，对 4 种 IF 估计方法的 MSE 做了统计，随着信噪比的增加，MSE 值也在减小，即 IF 的估计性能都得到提升。总的来说，文献[13]中的方法的估计性能最差，当 SNR≤6dB 时，其 MSE 值远远大于 C-R 界。在无噪声的信号环境下，采用时频分布一阶矩可得到 IF 的无偏估计，但当信号中有噪声干扰时，该方法的估计性能急剧下降；当 SNR≥6dB 时，文献[12] 和本节方法的 MSE 都接近于 C-R 界，而当 SNR≤3dB 时，本节方法明显优于文献[12]中方法。从统计特性上来看，本节方法的估计性能有一定程度的提升。

表 6-6　改进时频峰值 IF 估计法性能统计

	-9dB	-6dB	-3dB	0dB	3dB	6dB	9dB	12dB
时频一阶矩法	-16.4	-19.1	-21.3	-28.9	-34.3	-41.2	-53.8	-63.2
WVD 峰值法	-13.5	-18.4	-27.6	-39.4	-56.5	-61.3	-68.5	-71.9
改进的时频峰值法	-26.1	-32.6	-48.6	-57.4	-63.5	-64.7	-72.2	-74.7
CRLB	-54.1	-57.8	60.4	-63.7	-66.6	-69.5	-72.8	-75.6

图 6-49 为 SNR=-3dB 时 3 种方法的 IF 估计效果图，由图中可以看出，时频分布一阶矩法得到的 IF 估计曲线比较平滑，但整体来说和真实 IF 曲线明显相差很多，该方法在较低信噪比下无法得到准确的 IF 估计；WVD 峰值检测法得到的 IF 估计曲线也不是很理想，受噪声的影响，许多信号时频分布的峰值点远离 IF 曲线，产生了许多突变点，使得估计序列出现了较大的误差；本节方法得到了 IF 曲线的突变点明显减少，与真实的 IF 比较接近，但同时由于时频分布的边缘效应(在信号的起始和结束段不能够获得高精度的时频分布)，信号边缘处时频能量较低，因而时频峰值往往偏离真实的 IF 曲线，使得初始点估计偏差较大。图 6-50 为 SNR=0dB 时 3 种方法的 IF 估计效果图，此时本节方法得到的 IF 曲线和真实 IF

几乎重合,而其他两种方法仍然存在一定程度的偏差,仿真结果进一步表明了本节方法对SFM 信号 IF 估计的有效性。

本节同时对 LFM 和 FSK 信号的 IF 进行了估计,由图 6-51 可以看出,当 SNR＝0dB时,基于改进的时频峰值法能较为准确地估计出这两种信号的 IF,表明该方法对于多种雷达信号 IF 估计具有较好适用性,但由于该方法主要基于时频分布峰值检测的思想,对于多分量信号(即同一时间采样点存在两个以上频率分量)将会失效,对此需做进一步研究。

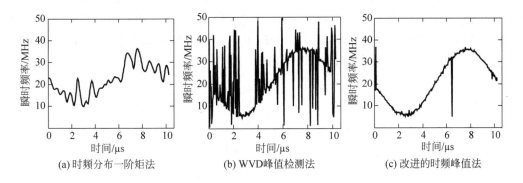

(a) 时频分布一阶矩法　　　　(b) WVD峰值检测法　　　　(c) 改进的时频峰值法

图 6-49　SNR＝－3dB 时 3 种 IF 估计方法比较

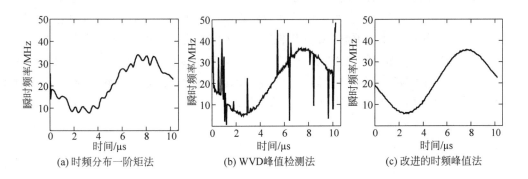

(a) 时频分布一阶矩法　　　　(b) WVD峰值检测法　　　　(c) 改进的时频峰值法

图 6-50　SNR＝0dB 时 3 种 IF 估计方法比较

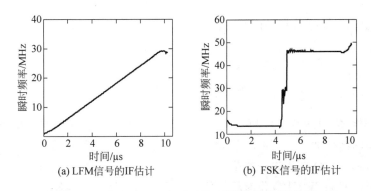

(a) LFM信号的IF估计　　　　(b) FSK信号的IF估计

图 6-51　SNR＝0dB 时 LFM 和 FSK 信号的 IF 估计

6.6.2 基于时频图像形态学的 IF 估计

将图像处理技术和信号处理相结合,为雷达辐射源信号的 IF 估计提供了新的视角。针对较低信噪比条件下以及多分量信号的 IF 估计,本节提出一种基于时频图像形态学的 IF 估计方法。首先采用时频峰值滤波方法对信号进行去噪处理,而后对信号进行时频变换,并将其转化为灰度图;然后检测信号的起止频率,剪切出信号时频分布的有效区域;最后采用形态学图像处理方法估计出信号的 IF。将雷达信号转化为时频图像后,可以进一步利用图像处理中降噪算法,增强信号的前景像素,降低噪声对 IF 估计的影响。同时对于多分量信号,本书采用图像处理中标注连接分量算法,从时频面上分离出各个信号分量,进而估计各个信号分量的 IF,具体流程如图 6-52 所示。

图 6-52 时频图像形态学 IF 估计方法流程图

1. 时频峰值滤波

在现代战场的复杂电磁环境中,信号在传播和接收处理过程中不可避免地要受到各种噪声的干扰,大量噪声的存在会增加信号处理的难度,使得信号的时频分布不能准确地反映出信号频率随时间的变化关系,时频峰值偏离真实的 IF 曲线。B. Boashash 基于时频分析理论,提出了时频峰值滤波算法[14],用来消减随机噪声。其基本原理是将含噪信号经过频率调制转换为一个常幅值调频信号的瞬时频率,用 WVD 的峰值估计出瞬时频率,从而恢复出原信号,时频峰值滤波后信号得到增强,随机噪声被抑制。该方法能在较少的约束条件下抑制强随机噪声,对于信号模型比较复杂和信噪比较低的情形仍然有效。假设信号在加性高斯白噪声信道中传播,$s(t)$ 为信号,$n(t)$ 为高斯噪声,接收的信号样式为

$$r(t) = s(t) + n(t) \tag{6-63}$$

对接收信号 $r(t)$ 进行频率调制:

$$z_r(t) = e^{j2\pi\mu\int_0^t r(u)\,du} \tag{6-64}$$

式中,μ 是调制指数,文献[14]已证明解析信号 $z_r(t)$ 的 WVD 峰值是信号 $s(t)$ 的无偏估计,对此得到原信号的估计值:

$$\hat{s}(t) = \text{argmax}[W_z(t,f)]/\mu \tag{6-65}$$

$$W_z(t,f) = \int_{-\infty}^{+\infty} z_r(t+\tau/2)z_r^*(t-\tau/2)e^{-j2\pi f\tau}\,d\tau \tag{6-66}$$

根据基于时频峰值滤波原理和 WVD 的性质,若信号 $s(t)$ 的时间和频率呈线性关系,则解析信号 $z_r(t)$ 的魏格纳-威尔分布 $W_z(t,f)=\delta(f-s(t))$,其峰值在时频平面是沿着瞬时频率 $s(t)$ 分布,不受高斯白噪声的影响,那么 $\hat{s}(t)$ 是信号 $s(t)$ 的无偏估计。而实际上雷达信号往往是非线性的,采用 WVD 作时频峰值滤波估计的信号会产生偏差,对此可以采用加窗WVD(PWVD)方法,以实现瞬时频率的局部线性化。在计算 WVD 时加入窗函数,在每个时窗长度内,解析信号的瞬时频率近似随时间线性变化,从而得到原信号的近似无偏估计。

PWVD 定义为：

$$\mathrm{PWVD}(t,\omega) = \int z_r(t+\tau/2)z_r^*(t-\tau/2)h(\tau)\mathrm{d}\tau \qquad (6\text{-}67)$$

图 6-53(b)为采用时频峰值滤波后的多分量信号(LFM 和 SFM 的混合信号，SNR＝－3dB)的 MBD 时频图，可以看出相对于图 6-53(a)，时频面上噪声的时频点得到了一定程度的抑制。

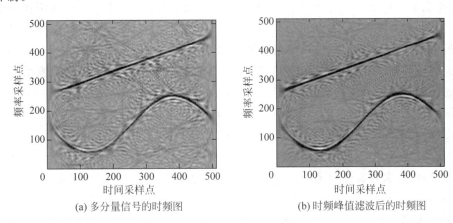

(a) 多分量信号的时频图　　　　　　　(b) 时频峰值滤波后的时频图

图 6-53　多分量信号的时频图和时频峰值滤波后的时频图

2. 时频图像处理

信号的时频分布可以看作是一幅二维图像，因而可以采用图像处理方法对时频图像做进一步处理。此处首先将时频图像转化为灰度图，图像中像素点的不同灰度值对应时频点的能量值。从时频图像中可以看出，信号的时频分布区域聚集在 IF 曲线周围，而噪声的时频点散布在整个时频面上。时频面上信号的自项可以看作是图像中的"对象"，而噪声和交叉项则构成了图像的"背景"。本节从图像处理角度对信号的时频表示结果进行处理，实际上就是在灰度图像中去除背景而保留对象的过程。

各个信号的时频图像灰度值的动态范围是不一样的，为了减少数据间的不平衡性，首先对时频图像灰度值进行归一化，然后使用自适应维纳滤波器去除时频图像的噪声点，对图像进行增强。从时频图中可以看出，并非所有区域都分布有信号，对此可以检测分析信号的起止频率，将没有信号分布的图像区域剪切掉，减小冗余信息，更有利于下一步对时频图像的分析。接着对时频图像依次进行二值化、形态学处理和标注连接分量，最终得到信号的 IF 估计。

1) 时频图像二值化

时频图像二值化实际上是对图像进行阈值处理，将图像上的灰度值置为 0 或 1，将 256 个亮度等级的灰度图像通过适当的阈值选取转化为仍然可以反映图像整体和局部特征的二值图像，同时也减少后期图像处理的计算量和存储空间，图像的二值化处理可以描述如下：

$$B(t,\omega) = \begin{cases} 1, & P(t,\omega) > \mathrm{Thr} \\ 0, & P(t,\omega) < \mathrm{Thr} \end{cases} \qquad (6\text{-}68)$$

选择合理的阈值 Thr 是时频图像二值化的关键，对时频图像二值化时，应尽量保留信号在时频图中对应的像素点，并尽可能去除噪声。此处阈值选取参照文献[15]中的方法。

$$\text{Thr} = \sigma_n^2 + \gamma\sigma_n^2 \parallel \phi \parallel_{\text{F}} \tag{6-69}$$

式中,σ_n^2 为噪声方差,同时也是噪声时频分布波动底座的高度;$\sigma_n^2 \parallel \phi \parallel_{\text{F}}$ 为纯噪声时频分布的波动范围;γ 是门限调整参数。

2) 时频图像形态学处理

时频图像进行二值化后,信号分量被进一步展宽,往往面积较大且具有一定的几何形状,同时突出了某些噪声的时频点,为了更有效地提取信号的 IF,本节进一步采用数学形态学方法消除时频面上的噪声,细化信号分量,最终估计出信号的 IF。形态学处理是应用具有一定形态的结构元素对集合进行腐蚀和膨胀的操作,膨胀使得时频图连通域扩张,腐蚀使时频图连通域收缩。开运算先腐蚀再膨胀,用于滤除图像中区域小于结构元素的时频独立点或明显区别于信号分量的斑点,而保留相应时频聚集面积大于结构元素的时频点,从而使信号在时频分布平面对应的自分量的轮廓变得光滑,消除时频分布平面上少量噪声对应的细的突出物,经形态学开运算操作处理后的二值图像可表示为

$$A = (B(t,\omega)\Theta B_1) \oplus B_2 \tag{6-70}$$

式中,B_1 和 B_2 分别为腐蚀和膨胀的结构元素,Θ 表示腐蚀运算,$\oplus$ 表示膨胀运算。此处 B_1 选择半径为 5 的圆盘形结构元素,B_2 选择半径为 3 的菱形结构元素。

形态学骨骼化可以把二值图像区域缩成单像素的线条,以逼近区域的中心线,提取骨架的目的是减少图像成分,只留下时频图像最基本的信息,要求最大限度地细化原图形,并且要求原图像中属于同一连通域的像素不出现断裂。此处通过对时频图像骨骼化,找出时频能量脊线,由于时频能量沿着 IF 曲线方向聚集,因而时频能量脊线和 IF 曲线方向是一致的。图像 A 的骨骼化表示如下:

$$S(A) = \bigcup_{k=0}^{K} S_k(A) \tag{6-71}$$

$$S_k(A) = \bigcup_{k=0}^{K} \{(A\Theta kB) - [A\Theta kB] \circ B\} \tag{6-72}$$

式中,$S_k(A)$ 为骨骼子集,$(A\Theta kB)$ 表示对 A 连续腐蚀 k 次,$\circ$ 表示开运算。时频图像骨骼化后会出现许多毛刺,对此可以采用去毛刺算法,平滑所得到的时频脊线。

3) 标注连接分量算法

二值时频图像是由以前景像素为基本单位组成的若干个连接分量构成的,因此找出信号项对应的时频图像上的连接分量,即可确定信号的 IF。而对于像素点元素比较少的连接分量可以认为是噪声,通过统计各连接分量像素点的个数,剔除噪声分量。本节采用标注连接分量方法[17]区分时频图上的各个信号分量以及噪声。

连接分量是根据路径来定义的,而路径的定义则取决于邻接方式,最常见的邻接方式为 4 连接和 8 连接。一个坐标为 (x,y) 的像素 p 有两个水平和两个垂直的相邻像素,p 的 4 个相邻像素的集合记为 $N_4(p)$,若 $q \in N_4(p)$,则称 p 和 q 为 4 连接,如图 6-54 (a) 所示。同理 p 的 8 个相邻像素的集合记为 $N_8(p)$,若 $q \in N_8(p)$,则称 p 和 q 为 8 连接,如图 6-54(b) 所示,此处采用 8 连接方式。标注连接分量即为每个连接分量作个标记以示区别,每个连接分量里的像素被分配给一个唯一的整数,该整数的范围是从 1 到连接分量的总数。如图 6-54(d) 显示了采用 8 邻接方式对图 6-54(c) 进行连接标注后所得到的标注矩阵。

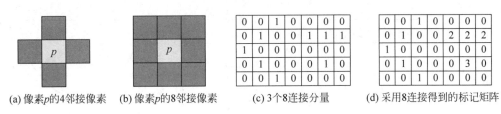

| (a) 像素p的4邻接像素 | (b) 像素p的8邻接像素 | (c) 3个8连接分量 | (d) 采用8连接得到的标记矩阵 |

图 6-54　邻接像素与标记矩阵

3. IF 估计

在对信号时频图像进行处理后,可以得到信号的连接分量,统计连接分量前景像素点的行索引和列索引,即可估计出信号的 IF。当信号中存在多个分量时,采用连接分量标记算法同样可以区分出各个信号分量,然后采用上述方法分别估计出各个信号分量的 IF。综上所述,本节采用图像处理方法对时频图像处理的流程如图 6-55 所示,首先剪切掉没有信号分布的时频图像区域,接着将灰度图像转化为二值图;然后运用形态学图像处理中的开运算、骨骼化以及去毛刺算法对时频图像进行去噪和细化,找出信号的时频能量脊线;最后采用标记连接分量算法找出信号分量,得到信号的 IF 估计。图 6-55 中以 LFM 信号(SNR=−3dB)为例,说明了时频图像的处理流程,由左至右分别是信号的时频图、经剪切后时频灰度图、二值化时频图、开运算后的时频图、骨骼化后时频图以及去毛刺后的时频图。

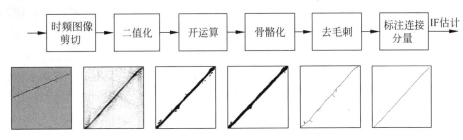

图 6-55　时频图像处理流程

4. 仿真实验和结果分析

通过 MATLAB 仿真对本节的 IF 估计方法性能进行验证。实验中分别生成 LFM(线性调频)、SFM(正弦频率调制)、BFSK(二进制频移键控)和 EQFM(偶二次调频)4 种信号。其中 LFM 信号载频设为 25MHz,SFM 载频设为 15MHz,BFSK 上边频为 10MHz,下边频为 20MHz,EQFM 载频设为 10MHz,采样频率均为 200MHz,脉冲宽度为 11μs,为了简化分析和计算,信号幅度设为 1,仿真时噪声采用高斯白噪声。

实验中首先采用所提出方法分别对 LFM、BFSK 和 EQFM 信号的 IF 进行估计,信噪比为−3dB。图 6-56(a)为 LFM 信号的 IF 估计曲线,可以看出 IF 估计曲线比较平滑,较为准确地描述了信号真实的 IF 变化规律;图 6-56(b)为 FSK 信号的 IF 估计曲线,同样得到了该信号的有效估计,表明本节的 IF 估计方法适用于频率突变信号;图 6-56(c)为 EQFM 信号的估计曲线,由于该信号的时频能量主要聚集在 IF 曲线波谷处,信号两端能量分布较少,因而在信号两端的 IF 估计会出现偏差,但总体上来看其 IF 估计值是较为准确的。

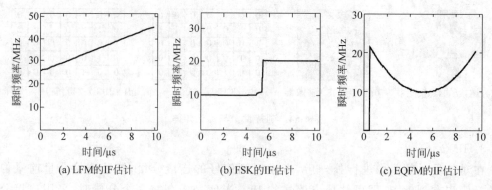

(a) LFM的IF估计　　　　(b) FSK的IF估计　　　　(c) EQFM的IF估计

图 6-56　IF 估计曲线（SNR＝－3dB）

下面进一步将基于时频图像形态学的 IF 估计方法同 WVD 峰值检测法[12]、时频分布一阶矩法[13]以及改进的时频峰值检测法的 IF 估计效果进行比较。信噪比变化范围为－9～15dB，分别对 4 种 IF 估计方法做 500 次蒙特卡洛实验。表 6-7 对 SFM 信号 IF 估计的均方根误差随信噪比变化的情况进行了统计，随着信噪比的增加，IF 的估计性能都得到了提升。总的来说，时频分布一阶矩法的估计性能最差，在无噪声的信号环境下，采用时频分布一阶矩可得到无偏估计，但当信号中有噪声干扰时，该方法的估计性能急剧下降；WVD 峰值检测法在信噪比较高时（SNR≥6dB），MSE 接近于 C-R 界，即 IF 估计精度较高，当信噪比较低时（SNR≤0dB），估计性能会变得很差。总体来说，改进的时频峰值法和基于时频图像形态学 IF 估计方法的估计性能要优于其他两种方法，其 MSE 值比较接近，当 SNR≥0dB 时，改进的时频峰值检测法估计性能略高于时基于时频图像形态学 IF 估计方法；然而当 SNR≤－3dB 时，基于时频图像形态学 IF 估计方法估计性能又略高于改进的时频峰值检测法。从统计特性上来看，在低信噪比条件下，基于时频图像形态学 IF 估计方法的性能有一定程度的提升。

表 6-7　SFM 信号 IF 估计性能统计

信噪比	－9dB	－6dB	－3dB	0dB	3dB	6dB	9dB	12dB
时频一阶矩法	－16.4	－19.1	－21.3	－28.9	－34.3	－41.2	－55.8	－63.2
WVD 峰值法	－19.5	－22.4	－31.6	－39.4	－53.5	－60.3	－63.7	－65.9
改进时频峰值法	－26.1	－32.6	－48.6	－57.4	－63.5	－64.7	－72.2	－74.7
时频图像 IF 估计法	－31.7	－37.6	－53.6	－55.4	－61.3	－64.8	－69.5	－72.3
CRLB	－54.1	－57.8	60.4	－63.7	－66.6	－69.5	－72.8	－75.6

图 6-57 为 SNR＝－3dB 时单分量信号的 IF 估计效果图，由图可以看出，时频分布一阶矩法得到的 IF 估计和真实 IF 曲线明显差别最大，该方法在较低信噪比下无法得到准确的 IF 估计；WVD 峰值检测法得到的 IF 估计曲线也不是很理想，受噪声的影响，许多信号时频分布的峰值点远离 IF 曲线，产生了许多突变点，同时由于数据的截断效应，估计序列在两端出现了较大的误差；而基于时频图像形态学 IF 估计方法得到的 IF 曲线与真实的 IF 比较接近，表明采用图像处理方法能有效降低噪声对信号 IF 估计的影响。图 6-58 为 SNR＝－3dB 时多分量信号的 IF 估计效果图，由图可以看出，传统的时频分布一阶矩和 WVD 峰

值法将会失效,而本节方法仍能得到有效的 IF 估计,主要因为采用图像处理中的标注连接分量方法可以有效区分出时频面上的各个信号分量,因而基于时频图像处理 IF 估计方法也适用于多分量信号,实验结果验证了该方法的有效性。

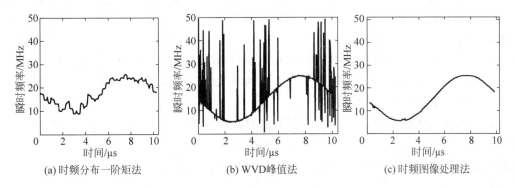

(a) 时频分布一阶矩法　　　(b) WVD 峰值法　　　(c) 时频图像处理法

图 6-57　单分量信号的 IF 估计方法比较(SNR=－3dB)

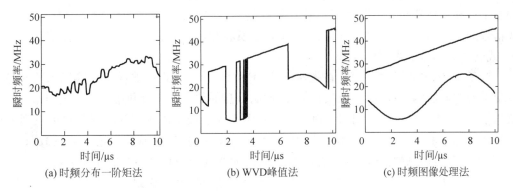

(a) 时频分布一阶矩法　　　(b) WVD 峰值法　　　(c) 时频图像处理法

图 6-58　多分量信号的 IF 估计方法比较(SNR=－3dB)

瞬时频率包含了丰富的信号调制信息,时频分布非常直观地描述了信号瞬时频率信息,因此深入研究信号的 IF 对于信号参数估计和调制方式识别具有重要的参考价值。针对频率调制雷达信号,本节在深入分析信号时频分布的基础上,分别采用时频峰值检测法和时频图像形态学方法得到信号的 IF 估计。主要工作如下:

(1) 对信号 CWD 和 WVD 时频矩阵作 Hadamard 积,得到一种改进的时频分析方法。在传统的基于时频峰值检测 IF 估计方法的基础上,采用交叉置信区间算法得到时频分析最优窗长,根据最优窗长得到信号的 IF 估计。实验结果表明,该方法可以在较低信噪比条件下获得质量较好的瞬时频率曲线,但同时该方法基于时频分布峰值检测思想,不能适用于多分量信号,对此需做进一步研究。

(2) 提出了基于时频分析和图像处理相结合的雷达信号 IF 估计方法,将时频分布转化为二值图像,采用图像处理中的形态学方法估计出信号的 IF。实验结果表明,该方法有效地提升了低信噪比条件下 IF 的估计精度,同时适用于多分量调频信号的 IF 估计。

可以看出,不同调制方式的雷达信号 IF 有较大的差异,因而可以在估计出雷达信号 IF 的基础上,可对信号 IF 进行特征再提取,从而实现信号的分类识别。

6.7 本章小结

针对复杂调制的雷达信号,本章重点研究了信号脉内参数提取方法。主要内容包括线性调频信号、相位编码信号、伪码-线性调频复合信号、FSK/PSK 复合信号的调制参数分析以及辐射源信号的瞬时频率估计。

对于线性调频信号,分析了线性调频信号的似然估计和贝叶斯估计之间的差异和优劣,建立了线性调频信号的贝叶斯估计模型,并用两种采样的方法执行 MCMC 算法,最终仿真实验表明混合抽样的效率高于单独抽样。

对于相位编码信号来说,先建立了正弦信号载频的贝叶斯估计模型,通过 MCMC 算法计算了贝叶斯估计,提高了载频估计精度,为增加码元宽度的估计精度提供了必要前提。然后通过相关接收方法估计其码元宽度,通过计算相关接收实部或虚部极值点的位置来估计子码宽度。

对于伪码-线性调频信号,首先利用多相滤波器组与短时傅里叶变换的关系,给出了一种基于多相滤波器组和高阶累积量联合处理的信号参数估计算法;然后结合伪码-线性调频信号的时频图特征,通过对其进行 Radon 变换和频率曲线的提取,实现了低信噪比下伪码-线性调频信号的参数估计。

对于 FSK/PSK 复合信号,首先对 FSK/PSK 复合信号进行非线性变换以消除相位突变带来的扩频影响,分离出一个只含 FSK 调制信息的信号。然后利用多相滤波器组和高阶累积量得到 FSK 信号的时频图。通过在时频图上提取频率曲线以及时频脊线可得到 FSK 信号各项参数的估计;最后利用估计得到的 FSK 调制参数,对原信号进行分段截取,获得只含 PSK 调制信息的信号,给出了 PSK 信号码元宽度和伪码序列的估计算法。

对于雷达信号的瞬时频率提取,分别给出了基于时频峰值检测和形态学雷达信号 IF 估计方法,实时雷达辐射源信号的 IF 估计。

参考文献

［1］ Christophe Andrieu, Arnaud Doucet. Joint Bayesian Model Selection and Estimation of Noisy Sinusoids via Reversible Jump MCMC［J］,IEEE TRANSACTIONS ON SIGNAL PROCESSING, VOL. 47,NO. 10,OCTOBER 1999.

［2］ 邹建彬. 高分辨率频率测量方法研究［D］. 长沙:国防科技大学,2006.

［3］ 张英龙. 基于 DSP 的雷达信号参数估计及其硬件实现［D］. 南京:南京航空航天大学,2007.

［4］ 熊刚,赵惠昌,王李军. 伪码-载波调频侦察信号识别的谱相关方法(Ⅱ):伪码-载波调频信号的调制识别和参数估计［J］. 电子与信息学报,2005,27(7):1087-1092.

［5］ 林俊,熊刚,王智学. 基于时频分析的伪码与线性调频复合体制侦察信号参数估计研究［J］. 电子与信息学报,2006,28(6):1045-1048.

［6］ 熊刚,杨小牛,赵惠昌. 基于平滑伪 Wigner 分布的伪码与线性调频复合侦察信号参数估计［J］. 电子与信息学报,2008,30(9):2115-2119.

［7］ 郑文秀,赵国庆,罗明,等. 混合 SFH/DS 扩频信号的跳频频率估计［J］. 系统仿真学报,2008,20(7):1852-1855.

［8］ 李家强,金林,黄志强. 基于混合时-频分布的信号检测与瞬时频率估计［J］. 现代雷达,2009,31(2):

47-50.

[9] Stankovic LJ. Performance Analysis of the Adaptive Algorithm for Bias-to-Variance Trade off[J]. IEEE Trans. Signal Processing,52(5),2004：1228-1234.

[10] Katkovnik V,Stankovic LJ. Instantaneous frequency estimation using the Wigner distribution with varying and data driven window length[J]. IEEE Trans. Signal Processing,1998,46(9)：2315-2325.

[11] Katkovnik V,Shmulevich I. Kernel Density Estimation with Varying Data-Driven Bandwidth. Pattern Recognition Letters[J]. 2002,23：1641-1648.

[12] 陈光华,曹家麟,王健,等.应用 WVD 估计 AM-FM 信号的瞬时频率[J].电子与信息学报,2003,25 (2)：206-211.

[13] Baraniuk R G,Mark Coates,Philippe Steeghs. Hybrid Linear/Quadratic Time-Frequency Attributes [J]. IEEE Trans. Signal Processing,2001,49(4)：760-766.

[14] Boashash B,Mesbah M. Signal enhancement by time-frequency peak filtering[J]. IEEE Trans. Signal Processing,2004,52(4)：929-937.

[15] 尚海燕,水鹏朗,张守宏,等.基于时频形态学滤波的能量积累检测[J].电子与信息学报,2007,29 (6)：1416-1420.

[16] Gonzalez R C,Woods R E. Digital image processing[M]. Prentice-Hall,Inc.,2002.

[17] William K Pratt. Digital image processing[M]. John Wiley & Sons,Inc.,2001.

第7章

基于时频图像特征的雷达信号识别

7.1 本章引言

对目标雷达辐射源信号进行精确的分析与识别，是现代雷达电子战的重要内容。本章基于雷达脉内信号的时频图像特征，将时频分析转换到图像处理领域，利用图像特征实现对辐射源的分析识别，提取了时频分布 Rényi 熵、图像的形状特征、纹理特征等作为信号的识别特征，实现了雷达辐射源信号的精确识别分类。

7.2 时频分布 Rényi 熵特征提取与识别

特征提取是雷达辐射源识别中的关键步骤，通过对采样信号的某种变换，使信号之间特征区分明显，尽可能集中表征显著类别差异的模式信息。近年来，运用时频分析方法提取雷达信号特征引起了众多学者的重视。Williams 等提出了时频分布 Rényi 熵的概念[1]，通过统计信号在时频面上的 Rényi 熵，获取信号的本质信息特征，开创了研究时频分布信息内容的先河。针对复杂体制雷达辐射源识别，本节在研究信号时频分布的基础上，提取了时频分布 Rényi 熵作为信号的识别特征，并对 Rényi 熵阶数的选择进行了讨论，最后给出了仿真结果。

7.2.1 时频分布 Rényi 熵

熵的概念最早由德国物理学家 R. Clausius 在热力学中引入，用来表示热状态的不平衡程度，在数学中表示情况或问题的不确定性，而在信息论中则表示信息系统中描述信息的能力。从微观上看，一个系统有序程度越高，熵越小，所含的信息量越大；反之，系统的无序混乱程度越高，熵越大，所含的信息量越小。信息和熵都是系统状态的物理量，其中信息描述的是系统有序的程度，而熵则可以描述系统无序的程度。对于有组织的系统，随着组织的破坏，意味着信息量减少，熵值也随之增大；当组织完全被破坏时，熵最大，信息量为零。总之，熵是用来度量杂乱无章、不平衡、不确定等无序状态的参数。雷达辐射源信号可看作是有用信号（确定的）和噪声（随机的）的叠加，具有一定程度的不确定性[2]。不同调制方式信号时频分布的能量集中程度和分布规律是不同的,其复杂度和规律性有着显著的差异,可通过统计信号时频分布的熵对其进行度量。

信息中包含大量不确定性,在信息论中用随机事件或随机变量来描述信息的不确定性。设 X 是取有限个值的随机变量,其概率分布为 $P = \{p_1, p_2, \cdots, p_n\}$,且满足 $w(p) = \sum_i p_i \leqslant 1$,其 Shannon 熵的定义为:

$$I(p) = -\frac{1}{w(p)} \sum_i p_i \log_2 p_i \tag{7-1}$$

Rényi 熵作为信号复杂度的测度,可用来估计信号的信息量和复杂度,其定义为:

$$R^{\alpha}(p) = \frac{1}{1-\alpha} \log_2 \frac{\sum_i p_i^{\alpha}}{\sum_i p_i} \tag{7-2}$$

$\alpha = 1$ 时的一阶 Rényi 熵退化为 Shannon 熵,所以可以认为 Rényi 熵是更为广义的信息熵表达形式。对于连续形式的二维概率密度分布 $f(x, y)$ 的 Shannon 熵和 α 阶 Rényi 熵定义分别为:

$$I(p) = -\frac{\iint f(x, y) \log_2 f(x, y) \mathrm{d}x \mathrm{d}y}{\iint f(x, y) \mathrm{d}x \mathrm{d}y} \tag{7-3}$$

$$R^{\alpha}(p) = \frac{1}{1-\alpha} \log_2 \frac{\iint f^{\alpha}(x, y) \mathrm{d}x \mathrm{d}y}{\iint f(x, y) \mathrm{d}x \mathrm{d}y} \tag{7-4}$$

由式(7-4)可知,概率密度分布 $f(x, y)$ 必须大于 0,然而我们知道时频分布并不是严格意义上的信号能量分布,许多时频分布并不能保证在整个时频平面上都是正的,统计信号时频分布的 Shannon 熵会带来不稳定性,Rényi 熵允许信息为负值,因此本节主要研究时频分布的 Rényi 熵。对于信号 $s(t)$,其时频分布满足时间边缘特性、频率边缘特性以及能量保持特性:

$$\int P(t, f) \mathrm{d}f = |s(t)|^2, \quad \int P(t, f) \mathrm{d}t = |S(f)|^2 \tag{7-5}$$

$$\iint P(t, f) \mathrm{d}t \mathrm{d}f = \int |s(t)|^2 \mathrm{d}t = \|s\|_2^2 \tag{7-6}$$

式中,$S(f)$ 为 $s(t)$ 的傅里叶变换,$P(t, f)$ 为信号的时频分布。由此可见,信号的时频分布与二维联合概率密度函数 $f(x, y)$ 有着相类似的性质。对于时频分布规则性强,复杂度低的信号反映的信息内容比较少,对应的熵值也小,而对于由大量杂乱散布的信号分量组成的信号,它包含更多的信息内容,对应的熵值也会更大,在此定义信号时频分布的 Rényi 熵:

$$R^{\alpha} = \frac{1}{1-\alpha} \log_2 \iint P^{\alpha}(t, f) \mathrm{d}t \mathrm{d}f \tag{7-7}$$

显然式(7-7)的稳定条件为:

$$\iint P^{\alpha}(t, f) \mathrm{d}t \mathrm{d}f > 0 \tag{7-8}$$

接下来讨论 Rényi 熵阶数 α 的选取。由于非整数阶 α 产生复数的熵值,对此不予考虑。

多分量信号和非线性调频信号的偶数阶 Rényi 熵受交叉项的影响很大,具有振荡性[3],因而本节主要考虑稳定性更好的奇数阶 α 的情况。图 7-1 对 8 种常见的雷达辐射源信号的时频分布 Rényi 熵随奇数阶变化规律做了统计(SNR=3dB)。由图可以看出,阶数 α 越高,时频分布的 Rényi 熵值越小,同时随着阶数 α 不断增大,所有信号的 Rényi 熵会逐渐收敛为相同的值。当 $\alpha > 15$ 时,各个信号的 Rényi 熵值区分度就不是很明显了,因此此处不考虑阶数大于 15 的 Rényi 熵。文献[4]经过理论推导和仿真实验得出当 $\alpha = 3$ 时,绝大多数信号的时频分布满足式(7-8),同时时频分布交叉项的熵值是渐近为 0 的,Rényi 熵值

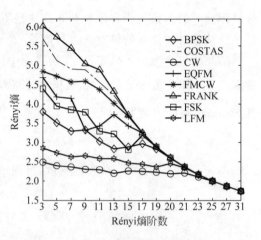

图 7-1   雷达信号的时频分布 Rényi 熵随阶数变化规律

测量的稳定性最好,因而三阶 Rényi 熵可以有效表征不同信号的信息内容,结合图 7-1 也可以看出 3 阶 Rényi 熵能有效区分不同信号。同样 5 阶、7 阶、9 阶和 11 阶 Rényi 熵对各个信号的区分度也比较高,对此选取信号的 3 阶、5 阶、7 阶、9 阶和 11 阶时频分布 Rényi 熵作为识别特征。

表 7-1 对 8 种雷达信号(SNR=3dB 时)时频分布 3 阶、7 阶和 9 阶 Rényi 熵的均值和方差进行了统计,信号特征向量的均值反映了它们在特征空间中的中心位置,方差值的大小反映了特征的聚集程度。可以看出,方差值都比较小,表明各类信号特征在中心处聚集程度都比较高。同时各个信号的 Rényi 熵均值有着明显的差异,因此采用时频分布 Rényi 熵可以有效区分各个雷达信号,如表中 EQFM 和 FMCW 信号的 3 阶和 7 阶 Rényi 熵比较接近,但11 阶 Rényi 熵值的差异就比较大了,因而仍可有效区分这两类信号。FRANK 相位编码和 COSTAS 频率调制信号时频分布最为复杂,其 Rényi 熵值较大,而 CW 和 LFM 信号时频分布的复杂度较低,规律性较强,其 Rényi 熵值也较小,通过表 7-1 中的数据也较好地验证了这一结论,表明 Rényi 熵能有效地度量信号时频分布的复杂度和规律性。

表 7-1   雷达信号时频分布 Rényi 熵的方差和均值

信号类型	3 阶 Rényi 熵		7 阶 Rényi 熵		11 阶 Rényi 熵	
	均值	方差	均值	方差	均值	方差
LFM	2.88	9.80×10^{-4}	2.72	8.68×10^{-4}	2.56	1.70×10^{-3}
CW	2.51	6.87×10^{-5}	2.46	6.77×10^{-5}	2.35	1.02×10^{-4}
FSK	4.38	2.67×10^{-3}	3.92	3.13×10^{-2}	3.47	3.65×10^{-2}
BPSK	3.78	1.69×10^{-3}	3.37	1.66×10^{-3}	3.16	5.87×10^{-3}
EQFM	4.64	2.75×10^{-4}	4.32	4.51×10^{-3}	3.49	4.85×10^{-4}
COSTAS	5.72	8.2×10^{-3}	4.95	2.04×10^{-3}	4.73	1.14×10^{-3}
FRANK	6.06	2.8×10^{-3}	5.52	7.00×10^{-3}	4.95	2.58×10^{-5}
FMCW	4.77	8.6×10^{-3}	4.49	1.86×10^{-2}	4.37	1.95×10^{-3}

7.2.2　支持向量机分类器

为了实现对信号的自动识别,需要设计高效的分类器。在统计模式识别中,分类器的基本任务是根据某一准则把用特征向量表示的输入模式归入到一个适当的模式类别,实现从特征空间到决策空间的转换,最终完成对该模式的分类识别任务[5]。基于传统统计理论的分类器往往受到待识别模式的概率密度函数、样本集是否线性可分、参数估计精度和训练样本数目等因素影响。如果待识别模式的概率密度函数已知,或者可以通过样本得到精确的估计,传统的分类算法就可以得到最佳的识别性能,但实际情况中这些条件一般很难满足。同时只有当训练样本数目趋于无穷大时,传统分类方法的识别性能可以达到理论上的最优,在实际的雷达信号侦察中,截获信号的持续时间往往比较短,这就造成样本数据有限,再加上实际应用环境的复杂多变,传统分类器难以获得满意的识别性能。随着人工智能技术的发展,神经网络[6]由于具有极强的函数拟合和自学习能力、很好的鲁棒性以及良好的分类识别能力等优点,被认为是取代传统分类方法的有力工具,截至目前,神经网络的一些关键问题仍没有得到解决,如网络结构的确定、过学习与欠学习、局部极小点等。支持向量机(Support Vector Machine,SVM)在解决小样本、非线性及高维模式识别问题中表现出结构简单、全局最优、泛化能力强等许多特有的优势,是近年来国际上机器学习领域的研究热点。

1. 结构风险最小化

SVM 是建立在统计学习理论基础上,以结构风险最小化为准则构建分类器。SVM 根据有限的样本信息在模型的复杂性和学习能力之间寻求最佳折中,以期获得最好的推广能力(或称泛化能力)[7]。统计学习理论中引入了泛化误差界的概念,认为分类的真实风险应该由两部分内容刻画:一是经验风险,代表了分类器在给定样本上的误差;二是置信风险,代表了在多大程度上可以信任分类器的分类结果。很显然,第二部分是没有办法精确计算的,只能给出一个估计的区间,也使得整个误差只能计算上界,而无法计算准确的值(所以称之为泛化误差界,而不是泛化误差)。泛化误差界的公式为:

$$R(w) \leqslant \mathrm{Remp}(w) + \varPhi(n/h) \tag{7-9}$$

式中,$R(w)$ 为真实风险,$\mathrm{Remp}(w)$ 为经验风险,$\varPhi(n/h)$ 为置信风险。SVM 寻求经验风险与置信风险之和最小,即结构风险最小化,可以有效提升分类器的泛化能力。置信风险与两个量有关:一是样本数量,显然给定的样本数量越大,学习结果越有可能正确,此时置信风险越小;二是分类函数的 VC 维(Vapnik-chervonenkis Dimension),模式识别方法中 VC 维的直观定义是:对一个指示函数集,如果存在 h 个样本,能够被函数集中的函数按所有可能的 2^h 种形式分开,则称函数集能够把 h 个样本打散;函数集的 VC 维就是它能打散的最大样本数目。VC 维反映了函数集的学习能力,VC 维越大则学习机器越复杂,分类器的推广能力越差,置信风险就会越大。

2. 支持向量机分类器原理

SVM 是从线性可分情况下求解最优分类面发展而来,在特征空间中通过最大化分类间隔寻找最优分类面,其基本思想可用图 7-2 的两维情况说明。图中圆形点和方形点分

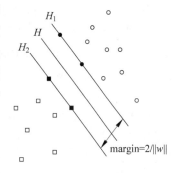

图 7-2　线性可分支持向量机

别代表两类样本,H 为分类线,H_1、H_2 分别为离分类线最近的样本且平行于分类线的直线,它们之间的距离叫作分类间隔(margin)。所谓最优分类线,就是要求分类线不但能将两类正确分开,而且使分类间隔最大。分类线方程为 $xw+b=0$,对其进行归一化,使得对线性可分的样本集 (x_i,y_i),$i=1,\cdots,n$,$y_i\in\{+1,-1\}$ 满足:

$$y_i[(w\cdot x_i)+b]-1\geqslant 0, \quad i=1,\cdots,n \tag{7-10}$$

此时分类间隔等于 $2/\parallel w\parallel$,使间隔最大等价于使 $\parallel w\parallel^2$ 最小。满足上述条件且使 $\parallel w\parallel^2$ 最小的分类面就叫作最优分类面,H_1、H_2 上的训练样本点就称作支持向量。考虑到并不是所有的样本都能被超平面正确分类,引入一个松弛因子 ξ_i,$i=1,2,\cdots,n$,则约束条件转化为

$$y_i[(w\cdot x_i)+b]\geqslant 1-\xi, \quad i=1,2,\cdots,n \tag{7-11}$$

此时最优超平面的求解问题可转化为下列优化问题:

$$\begin{cases} \min Q(w,\xi)=\dfrac{1}{2}\parallel w\parallel^2+C\displaystyle\sum_{i=1}^{n}\xi_i \\ y_i[(w\cdot x_i)+b]\geqslant 1-\xi_i, \quad i=1,2,\cdots,n \end{cases} \tag{7-12}$$

式中,C 为惩罚系数,用来控制对于错分样本的惩罚程度,式(7-12)的对偶问题如下:

$$\begin{cases} \max Q(\alpha)=\displaystyle\sum_{i=1}^{n}\alpha_i-\dfrac{1}{2}\sum_{i,j=1}^{n}\alpha_i\alpha_j y_i y_j(x_i\cdot x_j) \\ \displaystyle\sum_{i=1}^{n}\alpha_i y_i=0, \quad \alpha_i\in[0,C],i=1,2,\cdots,n \end{cases} \tag{7-13}$$

α_i 为原问题中与每个约束条件对应的 Lagrange 乘子,对上述问题求解即可得唯一的 Lagrange 乘子。容易证明,解中将只有一部分(通常是少部分)α_i 不为零,对应的样本就是支持向量,由此可以得到最优超平面函数(分类函数)为

$$f(x)=\text{sgn}\{(w\cdot x)+b\}=\text{sgn}\left\{\sum_{i,j=1}^{n}\alpha_i^* y_i(x_i\cdot x)+b^*\right\} \tag{7-14}$$

式(7-14)中的求和实际上只对支持向量进行。sgn( )为符号函数,b^* 是分类阈值,可以用任一个支持向量求得。

对于线性不可分的情况,使用一个非线性映射 ϕ,即:

$$\phi:R^N\to F$$
$$x\to\phi(x) \tag{7-15}$$

如图 7-3 所示,通过非线性映射 ϕ 将低维样本空间映射到高维特征空间,将线性不可分样本空间转化为线性可分的特征空间,从而得到问题的解。当在特征空间中构造最优超平面时,训练算法仅使用空间中的点积,即 $\phi(x_i)\cdot\phi(x_j)$,而没有单独的 $\phi(x_i)$ 出现,因此不需要知道非线性映射 ϕ 的具体形式,只要能够找到一个函数 K,使得 $K(x_i,x_j)=\phi(x_i)\cdot\phi(x_j)$,这样在高维空间中实际上只需进行内积运算。根据泛函的相关理论可知,只要一种核函数 $K(x_i,x_j)$ 满足 Mercer 条件,它就对应某一变换空间中的内积。因此,在最优分类面中采用适当的内积函数 $K(x_i,x_j)$ 就可以实现经非线性变换后的线性分类,此时目标函数转化为

$$Q(\alpha)=\sum_{i=1}^{n}\alpha_i-\frac{1}{2}\sum_{i,j=1}^{n}\alpha_i\alpha_j y_i y_j K(x_i\cdot x_j) \tag{7-16}$$

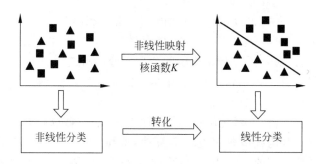

图 7-3　线性不可分转化为线性可分的情况

而相应的分类函数也变为：

$$f(x) = \text{sgn}\left\{\sum_{i,j=1}^{n} \alpha_i^* y_i K(x_i \cdot x) + b^*\right\} \tag{7-17}$$

　　SVM 是一种典型的两类分类器，即它只回答属于正类还是负类的问题。而现实中往往需要解决多类识别问题，对此一般可组合多个 SVM 求解。对于多类分类问题，主要有 3 种组合方法：一对多(One Against All,OAA)法、一对一(One Against One,OAO)法和二叉树结构(Binary Tree Architecture,BTA)法。其中 OAO 法为一种更为有效的方法。该方法每次针对两类问题进行识别，对于 k 类分类问题，分类器数目为 $k(k-1)/2$ 个。对于一个数据样本，各个分类器会将其识别为不同的类别，最后统计各种类别得到的"票数"，"票数"最多的类别则为最终识别的类别。对于 L 个样本$(x_1,y_1),(x_2,y_2),\cdots,(x_L,y_L)$，OAO 方法将分类问题转化为求解以下的一个二次规划问题：

$$\min_{w_{ij}\xi_{ij}}\frac{1}{2}\boldsymbol{w}_{ij}^{\mathrm{T}}\boldsymbol{w}_{ij} + C\sum_{t=1}^{L}\boldsymbol{\xi}_{(ij)_t}\boldsymbol{w}_{ij}^{\mathrm{T}}$$
$$\boldsymbol{w}_{ij}^{\mathrm{T}}\Phi(x_i,x_j) + b_{ij} \geqslant 1 - \boldsymbol{\xi}_{(ij)_t}, \quad y_t = i$$
$$\boldsymbol{w}_{ij}^{\mathrm{T}}\Phi(x_i,x_j) + b_{ij} \leqslant -1 + \boldsymbol{\xi}_{(ij)_t}, \quad y_t = j$$
$$\boldsymbol{\xi}_{(ij)_t} \geqslant 0, \quad t = 1,2,\cdots,L \tag{7-18}$$

　　在求解支持向量机的过程中，需要选择合适的核函数，此处采用高斯径向基核函数，其定义如下：

$$\Phi(x_i,x_j) = \exp\{-\gamma \mid x_i - x_j \mid^2\} \tag{7-19}$$

　　许多文献的研究结果都指出，在 SVM 中惩罚因子 C 和高斯径向基核函数参数 γ 的选取，对分类器的性能有很大的影响。惩罚因子 C 用于控制模型的复杂度和逼近误差，γ 对模型的分类精度有重要的影响，对此可以在传统 SVM 分类器基础上采用粒子群优化算法对参数(C,γ)寻优[8]，以期设计出分类性能更好的分类器。

7.2.3　时频分布 Rényi 熵特征识别性能实验及结果分析

　　实验中采用 8 种典型的雷达辐射源信号，包括常规雷达信号(CW)、线性调频信号(LFM)、偶二次调频信号（EQFM）、二相编码信号（BPSK）、COSTAS 频率调制信号(COSTAS)、频率编码信号(FSK)、FRANK 多相编码信号(FRANK)、三角调频连续波信号(FMCW)，其中 FSK 和 BPSK 信号采用 13 位巴克码，LFM 频偏 5MHz，FRANK 多相编码信号脉冲压缩比为 64。信号的载频均设为 30MHz，采样频率取 300MHz，脉冲宽度设为

13μs。在$-6\sim21$dB 的信噪比范围内,每种信号每隔 3dB 产生 200 个辐射源信号,共计 1600 个实验样本,其中 800 个为训练集,800 个为测试集。实验中首先对训练集和测试集中的信号样本进行特征提取,然后以测试集中的数据对分类器进行训练,最后采用训练好的分类器对测试集数据进行分类识别,并统计各个信号的识别率(测试集中正确识别的信号占所有信号样本的比率)。实验步骤如下:

(1) 对信号进行预处理,主要对信号能量进行归一化,并截取相同长度的信号序列;

(2) 对信号进行平滑伪魏格纳-威尔时频变换,得到信号的时频分布矩阵;

(3) 提取信号时频分布的 3 阶、5 阶、7 阶、9 阶和 11 阶 Rényi 熵作为特征向量;

(4) 将特征向量输入到支持向量机分类器,实现对信号的分类识别。

图 7-4 统计了各类信号在不同信噪比环境下的误识别率,随着信噪比的增大,信号的正确识别率也随之升高,当 SNR＝12dB 时,所有信号的识别率接近 100%。

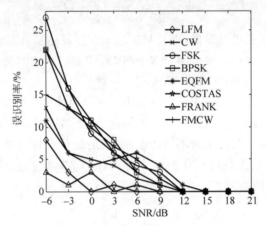

图 7-4   8 种雷达信号的误识别率

表 7-2 进一步统计了在 SNR＝-3dB 时,各个信号的识别效果。其中有 9% 的 FSK 信号误识别为 EQFM 信号,同样有 5% 的 EQFM 信号误识别为 FSK 信号,表明这两种信号的时频分布复杂度和规律性相当,因而会出现较大的误识别率;FRANK 和 COSTAS 信号时频分布是 8 种信号中复杂度最高的两种信号,有 2% 的 COSTAS 信号误识别为 FRANK 信号,同时有 8% 的 FRANK 信号误识别为 COSTAS 信号,表明两种信号在特征空间有部分交叠;BPSK、LFM 和 CW 信号的时频分布在一定程度上比较相似,有 8% 的 BPSK 信号误识别为 LFM,有 4% 的 BPSK 信号误识别为 CW 信号。

表 7-2   SNR＝-3dB 时时频分布 Rényi 熵特征的识别结果

信号类型	LFM	CW	FSK	BPSK	EQFM	COSTAS	FRANK	FMCW
LFM	97	2	1	8	0	0	0	0
CW	1	94	0	4	0	0	0	0
FSK	0	0	84	1	5	0	0	0
BPSK	2	4	4	84	1	0	0	0
EQFM	0	0	9	3	94	2	0	5
COSTAS	0	0	0	0	0	87	2	7
FRANK	0	0	0	0	0	8	98	0
FMCW	0	0	2	0	0	3	0	88

本节在深入分析雷达辐射源信号时频分布的基础上,将时频分布 Rényi 熵作为信号的识别特征,并采用支持向量机分类器完成分类识别任务。实验结果表明,基于时频分布 Rényi 熵特征的提取方法相对来说比较简单,特征维数较低,并且能在较低的信噪比环境下获得较为满意的正确识别率。

7.3 时频形状特征的提取与识别

通过观察雷达信号的时频分布图,可以很容易地判别出信号调制类型,然而要实现自动识别,就需要进一步提取信号的时频特征。时频分析反映了信号能量随时间和频率的分布,在时域和频域精确地描述了信号。直接从信号的时频分布中提取出有效的识别特征难度较大,对此可以将数字图像处理方法应用到信号识别领域,从图像识别的角度实现雷达信号的分类识别。本节在研究雷达辐射源信号时频分布的基础上,进一步采用图像处理的算法和工具对时频图像进行处理,提取时频图像的形状特征。基于时频图像特征的雷达辐射源识别流程如图 7-5 所示,首先通过时频变换,将一维时间信号转换为二维时频图像;然后采用一系列图像预处理方法对时频图像进行增强和去噪;最后提取图像特征作为信号的识别特征,并将特征向量输入到分类器完成分类识别任务。最后给出了仿真实验和结果分析。

图 7-5 基于时频图像特征的雷达辐射源识别流程图

7.3.1 时频图像形状特征提取

时频分布反映了信号能量在时频面上的分布规律,将时频图像转化为灰度图后,图像中像素点的不同灰度值就代表了时频点的能量值,此时就可以采用图像处理方法对时频图像进行处理,从而将信号识别转化为图像识别。要实现时频图像的分类识别,需要进一步提取图像的特征,图像处理中的特征提取方法已经比较成熟,图像的特征可以分为纹理特征、形状特征、颜色特征、边缘特征等等。图 7-6 为 8 种典型雷达辐射源信号的时频分布图,考虑到不同雷达信号的时频图像在几何形状上的差异性比较明显,本小节首先研究了雷达信号时频图像的形状特征。矩函数是对图像的一种非常有效的形状描述子,通常表达了图像形状的全局特征,提供了关于图像形状的很多有用信息,在此本小节对信号时频图像的中心矩和伪 Zernike 矩进行分析。

7.3.2 时频图像预处理

由于噪声和时频分布交叉项的存在,使得雷达信号的时频图像会产生大量的干扰信息,为了更好地从时频图像中提取用于信号分类识别的有效特征,将信号的时频分布表示成灰度图像后,就需要对时频图像进行预处理。合理运用图像预处理方法可以有效剔除噪声和冗余信息,增强信号信息。此处采用的时频图像预处理具体方案如图 7-7 所示,图中以三角调频连续波信号(SNR=5dB)为例,描述了图像预处理的流程。

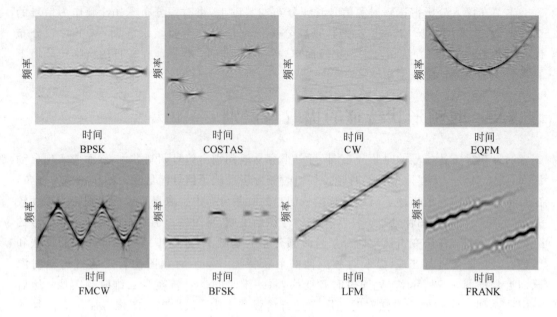

图 7-6　8 种典型雷达辐射源信号时频图像

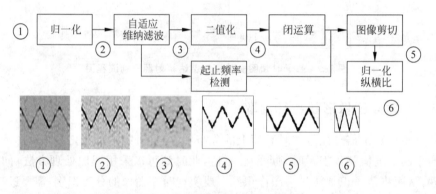

图 7-7　时频图像预处理流程图

　　各个信号时频图像灰度值的动态范围是不一样的,像素点灰度值大的数据对分类识别有着大的影响,为了减少数据间的不平衡性,首先对时频图像灰度值进行归一化,然后使用自适应维纳滤波器去除时频图像的噪声点,对图像进行增强。为了减少后期图像处理的计算量和存储空间,对灰度图像进行二值化,将灰度图转化为二值图,二值化过程中阈值的选取采用一维最大熵法[9]。接着对二值图像进行闭运算(膨胀之后再进行腐蚀运算),使得时频图像中信号分量的轮廓变得光滑,进一步减少噪声。从时频图中可以看出,并非所有区域都分布有信号,可以将没有信号分布的图像区域剪切掉[10],减少冗余信息,更有利于下一步信号特征的提取。最后采用最近邻插值法[11]归一化时频图像的纵横比,使所有信号的时频图像大小都保持一致,并进一步减小数据量。

7.3.3 中心矩特征

设大小为 $M \times N$ 的二值图像可以表示为 $f(x,y) \in \{1,0\}$，则图像的 $(p+q)$ 阶原点矩可以定义为

$$m_{pq} = \sum_{x=0}^{M-1} \sum_{y=0}^{N-1} x^p y^q f(x,y), \quad p,q \in \mathbf{N} \tag{7-20}$$

图像的 $(p+q)$ 阶中心矩可以定义为

$$\mu_{pq} = \sum_{x=0}^{M-1} \sum_{y=0}^{N-1} (x-\bar{x})^p (y-\bar{y})^q f(x,y) \tag{7-21}$$

式中，$\bar{x} = m_{10}/m_{00}$，表示水平方向上的质心；$\bar{y} = m_{01}/m_{00}$，表示垂直方向的质心。

图像的不同阶数中心矩表征不同的物理意义，其中 μ_{02} 表示图像在垂直方向上的伸展度；μ_{20} 表示图像在水平方向上的伸展度；μ_{11} 表示图像的倾斜度；μ_{03} 表示图像在垂直方向上的重心偏移度；μ_{30} 表示图像在水平方向上的重心偏移度；μ_{21} 表示图像水平伸展的均衡程度；μ_{12} 表示图像垂直伸展的均衡程度。由于时频图的差异性主要体现在垂直方向的频域上，故舍弃像 μ_{20}、μ_{30} 这些描述水平方向时域的特征值，对此可以选用 μ_{11}、μ_{02}、μ_{12}、μ_{21}、μ_{03} 作为时频图像特征。

7.3.4 伪 Zernike 矩特征

伪 Zernike 矩是一种正交复数矩，阶数为 p，重复度为 q 的伪 Zernike 矩的定义为[12]

$$Z_{p,q} = \frac{p+1}{\pi} \iint_{D^2} f(x,y) W_{p,q}^*(x,y) \mathrm{d}x \mathrm{d}y \tag{7-22}$$

式中，p 为正整数或零，q 为整数，且 $|q| \leqslant p$，$f(x,y)$ 为图像函数。伪 Zernike 多项式 $W_{p,q}(x,y)$ 是基于单位圆（$D^2: x^2+y^2 \leqslant 1$）上正交的一组完备复值函数。在极坐标中，其表示为

$$W_{p,q}(\rho\cos\theta, \rho\sin\theta) = S_{p,q}(\rho) \exp(\mathrm{i}q\theta) \tag{7-23}$$

$$S_{p,q}(\rho) = \sum_{s=0}^{p-|q|} \frac{(-1)^s (2p+1-s)!}{s!(p-|q|-s)!(p+|q|+1-s)!} \rho^{p-s} \tag{7-24}$$

对于数字图像，设 $I(i,j)$ 是当前像素，则伪 Zernike 矩为

$$Z_{p,q} = \frac{p+1}{\pi} \sum_i \sum_j I(i,j) W_{i,j}^*(i,j), \quad i^2+j^2=1 \tag{7-25}$$

为了获得旋不变性及减少伪 Zernike 矩的动态范围，取 $\hat{Z}_{p,q} = \ln|Z_{p,q}|$。

伪 Zernike 矩具有较强描述图形形状的能力，其中低阶矩主要描述的是一幅图像的整体形状，而高阶矩主要描述的是图像的细节信息[13]。由图 7-8 可以看出，不同调制方式雷达信号的时频图像差异度较大，从时频图像的整体形状上就能区分不同类型的信号，同时由于伪 Zernike 矩特征对形状的微小改变和噪声具有鲁棒性，其低阶矩越多，抗噪声性能越强，因此此处主要考虑采用低阶矩。但由于所有图像的 $\hat{Z}_{00}$、$\hat{Z}_{11}$ 取值都相同[12]，因此舍弃这两个伪 Zernike 矩特征。并且由于 BPSK 信号和 CW 信号的时频图形状比较接近，因此引入部分 4 阶矩，以期得到能有效区分这两种信号的细节信息。基于以上考虑，这里选择 $\hat{Z}_{20}$、

$\hat{Z}_{22}$、$\hat{Z}_{30}$、$\hat{Z}_{31}$、$\hat{Z}_{32}$、$\hat{Z}_{33}$、$\hat{Z}_{43}$ 作为信号的识别特征。

7.3.5 时频图像形状特征识别性能实验及结果分析

为了验证时频图像中心矩和伪 Zernike 特征的识别效果,采用 8 种典型的雷达辐射源信号进行了仿真实验。包括常规雷达信号(CW)、线性调频信号(LFM)、偶二次调频信号(EQFM)、二相编码信号(BPSK)、COSTAS 频率调制信号(COSTAS)、频率编码信号(FSK)、FRANK 多相编码信号(FRANK)、三角调频连续波信号(FMCW)。其中 FSK 和 BPSK 信号采用 13 位巴克码,LFM 频偏为 5MHz,FRANK 多相编码信号脉冲压缩比为 64。信号的载频都取为 30MHz,采样频率取 300MHz,脉冲宽度为 13μs。在 −6~21dB 的信噪比范围内,每种信号每隔 3dB 产生 200 个辐射源信号,共计 1600 个实验样本,其中 800 个为训练集,800 个作为测试集。每个信号按照前文所述的方法依次进行时频变换,图像预处理和图像特征提取,最终将得到的特征向量输入到分类器完成分类识别任务。

图 7-8 为采用中心矩特征提取方法误识别率的统计曲线图,随着信噪比的升高,所有信号的识别性能也得到提升。在 SNR=12dB 时,除了 BPSK 信号外,所有信号的识别率都接近 100%,从图 7-9 可以看出,BPSK 信号和 CW 信号的时频图像形状比较相似,采用中心矩特征并不能很好地区分这两类信号。如表 7-3 所示,当 SNR=3dB 时,14% 的 BPSK 信号误识别为 CW 信号,同样有 16% 的 CW 信号误识别为 BPSK 信号,而其他类型的信号识别率均能达到 92% 以上。

图 7-9 为采用伪 Zernike 矩特征提取方法误识别率的统计曲线图。伪 Zernike 矩特征对所有 8 种信号的识别效果都比较好,即使对于时频图像形状比较接近的 CW 信号和 BPSK 信号也能有效地区分开来,主要由于采用的 3 阶和 4 阶伪 Zernike 矩体现出了图像的细节信息,有效表征了两种信号时频图像的细微差异。当 SNR=0dB 时,所有的信号平均识别率接近 100%,得到了较为满意的识别效果;但当 SNR<−6dB 时,识别效果就不理想了。对此还需进一步研究图像预处理方法,更有效地剔除噪声和干扰,提升伪 Zernike 矩特征的抗噪声性能。

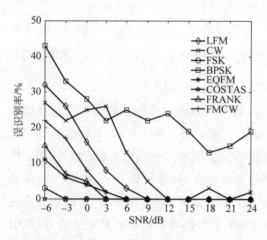

图 7-8　基于中心矩特征的误识别率

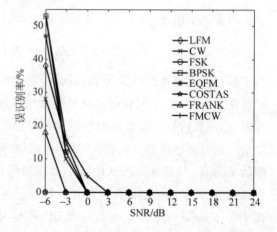

图 7-9　基于伪 Zernike 矩特征的误识别率

表 7-3　SNR＝3dB 时采用中心矩特征的识别结果（%）

信号类型	LFM	CW	FSK	BPSK	EQFM	COSTAS	FRANK	FMCW
LFM	92	2	0	3	0	0	0	1
CW	1	74	0	14	0	0	0	0
FSK	2	0	100	1	1	0	0	0
BPSK	0	16	0	78	0	0	0	0
EQFM	0	0	0	0	98	0	0	1
COSTAS	0	0	0	0	0	100	0	0
FRANK	0	0	0	0	0	0	100	0
FMCW	5	4	0	5	1	0	0	98

7.4　时频图像 LBP 纹理特征提取与识别

　　本节继续对多相编码类信号的时频分布进行研究，由图 7-10 可以看出，从时频图像整体形状来看，P1、P2 以及 P4 信号比较近似，FRANK 和 P3 形状差异度也不是很大，BPSK 信号和 CW 信号时频分布差异也仅在相位突变点上会产生凸起，因而采用形状特征不能有效区分这几种信号。与其他图像特征相比，纹理反映了图像灰度模式的空间分布，包含了图像的表面信息及其周围环境的关系，更好地兼顾了图像的宏观与微观结构，为了有效地区分时频图像形状接近的雷达信号，本节重点研究了图像的纹理特征。LBP 是一种有效的纹理描述子，通过刻画图像中每个像素点与邻域内其他各点的灰度值的差异来描述图像纹理的局部结构特征[14]。该方法将局部的纹理结构信息以及全局的纹理统计信息同时融合到纹理分析中，为同时分析图像中随机的微观纹理和确定的宏观纹理提供了有效工具。本节通过提取时频图像的 LBP 直方图特征实现信号的分类识别，具体方案如图 7-11 所示。

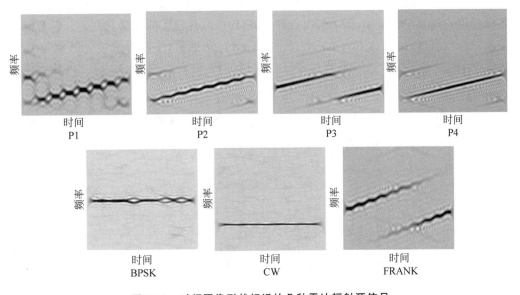

图 7-10　时频图像形状相近的几种雷达辐射源信号

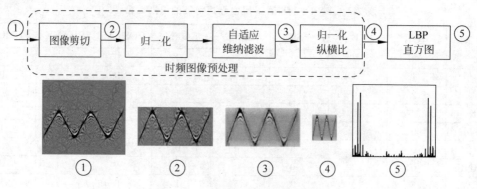

图 7-11　时频图像特征提取流程

7.4.1　时频图像预处理

由于本节主要分析了时频图像的纹理特征,直接在灰度图上提取特征,不需要将时频图像转化为二值图,因而图像预处理过程与 7.3.1 节方法略有不同。时频图像中像素点的不同灰度值对应时频点的能量值,信号的时频分布区域聚集在瞬时频率曲线周围,而噪声的时频点散布在整个时频面上。时频面上信号的自项可以看作是图像中的"对象",而噪声和交叉项则构成了图像的"背景"。从图像处理角度对信号的时频表示结果进行处理,实际上就是在灰度图像中去除背景而保留对象的过程,本节采用的时频图像预处理如图 7-11 所示,对时频图像依次进行剪切、归一化、自适应维纳滤波,剔除噪声和冗余信息,增强信号信息。图中以三角调频连续波信号(SNR=6dB)为例,描述了本节时频图像预处理流程。

7.4.2　LBP 纹理描述子

LBP 算法的基本思想是:用中心像素的灰度值作为阈值,与它的邻域相比较得到的二进制码来表述局部纹理特征。一般定义为 3×3 的窗口,以窗口中心点的灰度值 p_c 为阈值,对该中心点 8 邻域内像素 p_i 做二值化处理,即窗口内其他位置的像素灰度值分别与窗口中心像素的灰度值进行比较,当大于或等于中心像素的灰度值时,其对应位置赋值为 1,否则赋值为 0。然后根据像素点的不同位置进行加权求和,得到该窗口的 LBP 值,其运算流程如图 7-12 所示。LBP 算子可以表述为以下形式:

$$\mathrm{LBP}_{P,R}(x,y) = \sum_{i=0}^{P-1} s_{\mathrm{LBP}}(p_i,p_c) \times 2^i \tag{7-26}$$

$$s_{\mathrm{LBP}}(p_i,p_c) = \begin{cases} 1, & p_i \geqslant p_c \\ 0, & p_i < p_c \end{cases} \tag{7-27}$$

6	5	2
7	6	1
9	8	7

例图

1	0	0
1		0
1	1	1

阈值

1	2	4
128		8
64	32	16

权值

二进制: 11110001
十进制: 241

图 7-12　LBP 计算实例

其中 P 表示相邻像素个数，R 为半径。例如，如果 p_c 的坐标为 $(0,0)$，那么 p_i 的坐标为 $(-R\sin(2\pi i/P), R\cos(2\pi i/P))$。为了描述不同尺度下的纹理结构，Ojala 将 LBP 算子扩展到任意的半径长度以及任意邻域像素个数，即矩形块的大小是可变的，采用 $\text{LBP}_{P,R}$ 表示在半径为 R 的邻域内，使用 P 个相邻像素点比较得到的 LBP 特征。由图 7-12 可以看出，如果图像发生旋转，那么中心像素点的输出值会有所变化(二进制表示原本为全 0 或者全 1 的像素点除外)，为了消除图像旋转产生的影响，Ojala 又引入旋转不变 LBP[15]，其定义如下：

$$\text{LBP}^{\text{ri}}_{P,R} = \min\{\text{ROR}(\text{LBP}_{P,R}, i) \mid i = 0, 1, \cdots, P-1\} \tag{7-28}$$

$\text{ROR}(x, i)$ 表示将 x 右移 i 位。尽管旋不变 LBP 具有灰度范围内的平移不变和旋不变特性，但实际应用中其识别能力并不是很强，Ojala 等研究认为主要由于旋不变的 LBP 输出值出现的频率差异过大。在 LBP 算法中，对于 $\text{LBP}_{P,R}$ 而言，共有 2^P 种 0 和 1 组合，对应了局部邻域上 P 个像素点形成的 2^P 个不同的二进制模式，显然其中一定存在一种组合能够更加精确有效地描述图像的特征。Ojala 在实验中进一步发现了不同 LBP 模式出现的频率差异非常大，其中某些模式是描述纹理特征的重要模式，其出现概率达到 90% 以上，这些模式就是"uniform 模式"。uniform 模式就是把二进制串看成一个圆，串中从 0 到 1 以及从 1 到 0 的转换不超过 2 次，图 7-12 就是一种 uniform 模式。uniform 模式 LBP 算子表示为 $\text{LBP}^{\text{u2}}_{P,R}$，基于 uniform 模式的旋转不变 LBP 算子为 $\text{LBP}^{\text{riu2}}_{P,R}$。定义分别如下：

$$\text{LBP}^{\text{u2}}_{P,R} = \begin{cases} \sum_{i=0}^{P-1} s_{\text{LBP}}(p_i, p_c) \times 2^i, & U(\text{LBP}_{P,R}) \leqslant 2 \\ 2^P, & \text{其他} \end{cases} \tag{7-29}$$

$$U(\text{LBP}_{P,R}) = |s_{\text{LBP}}(p_{P-1}, p_c) - s_{\text{LBP}}(p_0, p_c)| + \sum_{i=1}^{P-1} |s_{\text{LBP}}(p_i, p_c) - s_{\text{LBP}}(p_{i-1}, p_c)|$$

$$\text{LBP}^{\text{riu2}}_{P,R} = \min\{\text{ROR}(\text{LBP}^{\text{u2}}_{P,R}, i) \mid i = 0, 1, \cdots, P-1\} \tag{7-30}$$

$U(\text{pattern})$ 为循环模式串中由 0 到 1 或由 1 到 0 的变化次数，U 值不超过 2 的模式为 uniform 模式。尽管 uniform 模式仅仅是所有 LBP 输出中的小部分，但它反映了图像绝大部分的纹理信息，不仅能描述一些局部微小特征，而且能反映出这些特征的分布情况，因而具有较强的分类能力。时频图像经过上述 LBP 算子运算后，统计图像不同 LBP 值出现的概率，即对每一个灰度级上出现的像素个数来进行计数，就可以得到图像的纹理谱直方图(即 LBP 描述符)。LBP 算子的直方图可以表示为

$$H_i = \sum_{x,y} I\{f_i(x,y)\}, \quad i = 0, 1, \cdots, n-1 \tag{7-31}$$

n 为 LBP 算子中特征值的数目，其中，

$$I\{A\} = \begin{cases} 1, & A \text{ 为真} \\ 0, & A \text{ 不为真} \end{cases} \tag{7-32}$$

不同的 LBP 算子得到直方图向量的维数是不一样的，当 P 值越大时，对图像信息的描述越详细，但同时 LBP 的计算复杂度迅速增加，得到的特征向量维数也非常高。如当 P 分别取 8、12、16 时，普通 LBP 直方图维数分别是 256、4096、65 536，uniform 模式 LBP 直方图维数取值也可达 59、135 及 243。当 P 值一定时，R 值越小，在环形邻域上采样点越密集，能更好地描述像素点灰度值和周围环境的关系。基于以上考虑，(P, R) 取 $(8,1)$ 即能得到有效的识别特征，此时采用 $\text{LBP}_{8,1}$ 算子得到的特征向量的维数是 256；采用 uniform 模式 $\text{LBP}^{\text{u2}}_{8,1}$

算子的特征向量为 59;而采用旋不变 Uniform 模式 $LBP_{8,1}^{riu2}$ 算子的特征向量仅有 10 维。此处采用 $LBP_{8,1}^{u2}$ 和 $LBP_{8,1}^{riu2}$ 两种纹理特征描述子作为时频图像的识别特征。

7.4.3 时频图像 LBP 纹理特征识别性能实验及结果分析

实验一:不同调制类型雷达信号分类识别

首先针对不同调制类型的雷达信号识别进行仿真实验,实验中采用 12 种典型雷达辐射源信号,包括常规雷达信号(CW)、线性调频信号(LFM)、偶二次调频信号(EQFM)、二相编码信号(BPSK)、COSTAS 频率调制信号(COSTAS)、频率编码信号(FSK)、三角调频连续波信号(FMCW)以及 5 种多相编码信号(FRANK、P1、P2、P3、P4)。其中 FSK 和 BPSK 信号采用 13 位巴克码,LFM 频偏 15MHz,多相编码信号脉冲压缩比为 64。信号的载频均设为 30MHz,采样频率取 300MHz,脉冲宽度为 13μs。在 -15~15dB 的信噪比范围内,每种信号每隔 3dB 产生 200 个辐射源信号,共计 2400 个实验样本,其中 960 个为训练集,1440 个作为测试集。每个信号按照前面所述的方法依次进行 MBD 时频变换、图像预处理和图像特征提取,最终将所得到的特征输入到支持向量机分类器完成分类识别任务。具体实验步骤如下:

(1) 对信号进行预处理,主要对信号能量进行归一化,并截取相同长度的信号序列;

(2) 对信号进行时频变换,得到信号的时频分布矩阵,并将其转化为灰度图像;

(3) 采用图像处理方法对时频图像进行去噪处理,突出信号项的时频分布区域;

(4) 提取时频图像的 $LBP_{8,1}^{u2}$ 和 $LBP_{8,1}^{riu2}$ 特征;

(5) 将特征向量输入到支持向量机分类器,实现对信号的分类识别。

图 7-13 为采用 $LBP_{8,1}^{u2}$ 特征的误识别率的统计曲线图,除了 LFM、FSK 和 COSTAS 3 种信号会出现误识别的情况,其他信号的识别率较好,当 SNR≥9dB 时,所有信号的识别率均能接近 100%。图 7-14 为采用 $LBP_{8,1}^{riu2}$ 特征的误识别率统计曲线图,和图 7-13 得到的结论相似,当 SNR≥12dB 时,所有信号的识别率都能接近 100%。总的来说,采用 $LBP_{8,1}^{u2}$ 和 $LBP_{8,1}^{riu2}$ 特征均能取得较为满意的识别效果。结合表 7-4 可知,当 SNR=3dB 时,34.17% 的 FSK 信号误识别为 COSTAS 信号,有 9.17% 的 FSK 信号误识别为 LFM 信号;同样有 35.83% 的 COSTAS 信号误识别为 FSK 信号;7.5% 的 LFM 信号误识别为 FSK 信号,15%

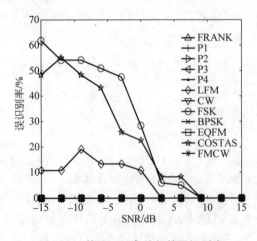

图 7-13 基于 $LBP_{8,1}^{u2}$ 特征的误识别率

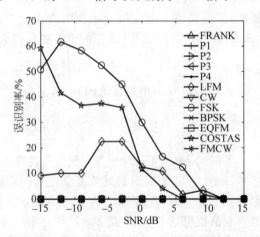

图 7-14 基于 $LBP_{8,1}^{riu2}$ 特征的误识别率

表 7-4 SNR＝3dB 时采用LBP$_{8,1}^{u2}$特征的识别结果%

信号类型	LFM	CW	FSK	BPSK	EQFM	COSTAS	FMCW
LFM	77.50	0	9.17	0	0	0	0
CW	0	100	0	0	0	0	0
FSK	7.5	0	56.67	0	0	35.83	0
BPSK	0	0	0	100	0	0	0
EQFM	0	0	0	0	100	0	0
COSTAS	15.00	0	34.17	0	0	64.17	0
FMCW	0	0	0	0	0	0	100

的 LFM 信号误识别为 COSTAS 信号。综合图 7-13 和图 7-14 可以看出，在信噪比较低时，FSK 和 COSTAS 信号识别效果最差，而对于其他类型的信号，特征提取方法的识别效果较好，尤其对于时频图像形状相似的 CW 和 BPSK 信号，以及多相编码类信号都能有效地区分开来。图 7-15 和图 7-16 对 FSK 和 COSTAS 信号时频图像的 LBP 纹理直方图做了统计（SNR＝3dB），从图中可以看出，这两种信号时频图像 LBP 纹理特性比较相似，因而识别时容易混淆。

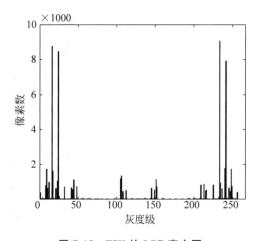

图 7-15 FSK 的 LBP 直方图

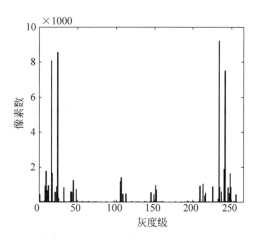

图 7-16 COSTAS 的 LBP 直方图

实验二：相同调制类型雷达信号分类识别

为了进一步验证本章特征提取方法的有效性，下面对调制类型相同、调制参数不同的信号之间的分类识别进行仿真实验。以 LFM 为例，信号的载频设为 30MHz，采样频率取 300MHz，脉冲宽度为 13μs，其频偏分别取 5MHz、8MHz、12MHz、15MHz、18MHz，依次用 LFM1、LFM2、LFM3、LFM4、LFM5 表示。同样在－15～15dB 的信噪比范围内，每种信号每隔 3dB 产生 200 个辐射源信号，共计 1000 个实验样本，其中 400 个为训练集，600 个作为测试集，实验过程和实验一相同。

图 7-17 为 5 种不同调制参数 LFM 信号的时频分布图像，可以看出各个信号时频图像的差异主要体现在时频能量聚集直线的斜率上，时频图像从整体形状上看比较接近。图 7-18 统计了基于 LBP$_{8,1}^{u2}$特征的信号的识别率，当 SNR＝9dB 时，5 种信号的识别率接近 100%。图 7-19 统计了基于 LBP$_{8,1}^{riu2}$特征的信号的识别率，从总体上看，识别效果不是很理

想,当信噪比较高时,识别率仍比较低。可以看出,采用 $LBP_{8,1}^{riu2}$ 特征的识别率明显低于 $LBP_{8,1}^{u2}$ 特征,因而对于不同频偏的 LFM 信号来说,$LBP_{8,1}^{u2}$ 特征更能准确地描述信号的时频图像信息。

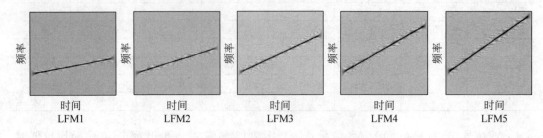

图 7-17　不同调制参数 LFM 信号的时频图像

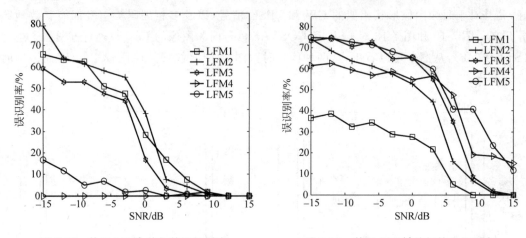

图 7-18　基于 $LBP_{8,1}^{u2}$ 特征的误识别率　　　　图 7-19　基于 $LBP_{8,1}^{riu2}$ 特征的误识别率

图 7-20 对 $LBP_{8,1}^{riu2}$ 特征、$LBP_{8,1}^{u2}$ 特征、小波包能量特征和时频图像伪 Zernike 矩特征的识别效果进行了对比。由图中可以看出,当 SNR<3dB 时,采用 $LBP_{8,1}^{u2}$ 特征的识别效果最好,其次是伪 Zernike 矩特征和小波包能量特征。总体上来看 $LBP_{8,1}^{riu2}$ 特征识别效果最差,主要

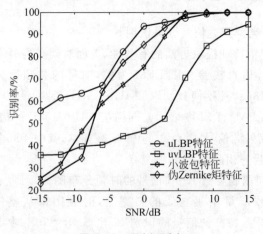

图 7-20　平均识别率

由于 $LBP_{8,1}^{riu2}$ 具有旋不变性,而 LFM 的时频图像实际上可以看作通过对聚集时频能量的直线进行旋转产生不同频偏的信号,因而 $LBP_{8,1}^{riu2}$ 特征不能有效体现不同 LFM 信号频偏上的差异。采用 $LBP_{8,1}^{u2}$ 特征能较为有效地区分不同频偏的 LFM 信号,当 SNR=3dB 时,其平均识别率仍能达到 94.50%。

将信号处理与数字图像处理方法相结合为雷达辐射源识别提供了新视角,具有重要的理论研究意义。针对低信噪比下雷达信号的分类识别问题,本节在分析雷达信号时频分布的基础上,将数字图像处理方法应用到信号识别领域,从图像识别的角度实现雷达信号的分类识别。为了更好地提取能有效区分各种信号的识别特征,采用了图像预处理方法对雷达信号的时频图像进行去噪和增强,然后从时频图像的纹理方面对识别特征的提取展开研究。实验结果表明 LBP 纹理特征在低信噪比下仍能有较好的识别效果。由此可以看出,采用图像识别方法对雷达辐射源信号进行分类识别是可行的,对此可以进一步研究适用于雷达信号更有效的时频图像特征。

7.5 本章小结

雷达辐射源信号新特征的提取,尤其是针对复杂体制雷达信号的特征提取已经成为电子对抗领域亟待解决的关键问题。应用时频分析方法对雷达信号进行脉内特征分析成为近年来的研究热点,通过对雷达辐射源信号进行时频变换,很容易发现不同信号时频分布的差异性,对此可以进一步提取信号的时频特征。本章研究了基于时频分布 Rényi 熵特征、时频图像形状、纹理特征的辐射源识别方法。

在基于时频分布 Rényi 熵特征的识别方法中,深入分析雷达辐射源信号时频分布的基础上,将时频分布 Rényi 熵作为信号的识别特征,并采用支持向量机分类器完成分类识别任务。

在时频图像特征的辐射源识别方法中,在分析雷达信号时频分布的基础上,将数字图像处理方法应用到信号识别领域,从图像识别的角度实现雷达信号的分类识别。为了更好地提取能有效区分各种信号的识别特征,采用了图像预处理方法对雷达信号的时频图像进行去噪和增强,然后从时频图像的形状和纹理两方面对识别特征的提取与识别展开研究。

参考文献

[1] Williams W J,Brown M L,Hero A O. Uncertainty,information,and time-frequency distributions[J]. Proc. SPIE Int. Soc. Opt. Eng. ,1991,VOL. 1566:144-156.

[2] 张葛祥,胡来招,金炜东. 基于熵特征的雷达辐射源信号识别[J]. 电波科学学报,2005,20(4):440-445.

[3] Flandrin P,Baraniuk R G,Olivier Michel. Time-Frequency complexity and information[J]. Proc. ICASSP 94,1994,329-332.

[4] Baraniuk R G,Flandrin P. Measuring Time-Frequency Information Content Using the Rényi Entropies[J]. IEEE Transactions on information theory,2001,47(4):1391-1409.

[5] 边肇祺,张学工,等. 模式识别[M]. 2 版. 北京:清华大学出版社,2000.

[6] Lanitis A,Draganova C,Christodoulou C. Comparing different classifiers for automatic age estimation

[J]. IEEE Transactions on Systems, Man, and Cybernetics-Part B: Cybernetics, 2004, 34 (1): 621-628.

[7] Vapnik V. The Nature of Statistical Learning Theory[M]. New York: Springer Verlag,1998.

[8] Melgani F, Bazi Y. Classification of Electrocardiogram Signals With Support Vector Machines and Particle Swarm Optimization[J]. IEEE Transactions on Information Technology in Biomedicine,2008, 12(5),667-677.

[9] Shanbhag A G. Utilization of Information Measure as a Means of Image Thresholding[J]. CVGIP-GMIP,1994,56(6): 414-419.

[10] Zilberman E R,Pace P E. Autonomous Time-Frequency Morphological Feature Extraction Algorithm for LPI Radar Modulation Classification[C]. Proc. of the IEEE International Conference on Image Processing,Atlanta,GA,2006: 2321-2324.

[11] Gonzalez R C,Woods R E. Digital image processing[M]. Prentice-Hall,Inc. ,2002.

[12] C H Teh,R T Chin. On image analysis by the methods of moments[J]. IEEE Trans. Pattern Analysis and Machine Intelligence,1988,10(4): 496-513.

[13] Javad Haddadnia, Karim Faez. An efficient human face recognition system using pseudo zernike moment invariant and radial basis function neural network[J]. International Journal of Pattern Recognition and Articial Intelligence,2003,17(1): 41-62.

[14] Ojala T,PietikÄainen M,Harwood D. A Comparative Study of Texture Measures with Classification Based on Feature Distributions[C],Pattern Recognition,1996,29(1): 51-59.

[15] Ojala T,PietikÄainen M,MÄaenpÄaÄa T. Multiresolution grayscale and rotation invariant texture classification with local binary patterns[J]. IEEE Transactions on Pattern Analysis and Machine Intelligence,2002,24(7): 971-987.

基于高阶统计量的雷达信号识别

8.1　本章引言

特征是分类识别的关键因素,好的特征往往能使各个类别之间区分明显,有利于提高分类识别的正确率。高阶累积量自提出以后就得到了迅速发展,应用范围涉及雷达、通信、声呐、故障诊断、振动分析、天文学、海洋学、电磁学、结晶学、生物医学、等离子体、地球物理、流体力学等众多领域。本章利用对角积分双谱、循环双谱作为辐射源识别的依据,进行雷达辐射源识别。

8.2　基于双谱的雷达辐射源信号识别

高阶累积量的理论优势明显:

(1) 高斯随机过程的高阶累积量为零,这就为提取淹没在高斯噪声中的非高斯信号提供了一个有效方法和途径;

(2) 高阶累积量谱不但含有信号的幅度信息,而且还含有丰富的相位信息,可用于辨识最小相位系统;

(3) 高阶累积量还可有效地检测系统的非线性;

(4) 高阶累积量比高阶矩的优势更为明显,一方面,三阶以上的所有高阶累积量都能完全抑制高斯噪声的影响,而偶数阶的高阶矩不能,另一方面,高阶累积量是可加的,这一性质可以有效地抑制加性高斯噪声的影响,而高阶矩不具备这一性质。

双谱是三阶累积量的二维傅里叶变换,是阶数最低的高阶累积量谱,已经广泛应用于信号分析。然而双谱的数据量较大,目前减少双谱数据量的方法很多,但是各种方法均存在一定的缺陷,需要对这些方法做进一步的探索和研究。本节在深入分析了各种方法不足的基础上,提出了对角积分双谱,它沿平行于双谱对角线的直线序列积分,可以避免插值、坐标转换和寻优等问题,而且同时兼顾双谱的对称性和特征的对称性,提高了信息的利用率。

8.2.1 双谱

1. 高阶累积量

设连续型随机变量 x 的概率密度函数为 $f(x)$，而 $g(x)$ 是以 x 为自变量的函数，则 $g(x)$ 的数学期望可以表示为

$$E\{g(x)\} = \int_{-\infty}^{\infty} f(x)g(x)\mathrm{d}x \tag{8-1}$$

特别地，当 $g(x) = \mathrm{e}^{\mathrm{j}\omega x}$ 时，则有

$$\Phi(\omega) = E\{\mathrm{e}^{\mathrm{j}\omega x}\} = \int_{-\infty}^{\infty} f(x)\mathrm{e}^{\mathrm{j}\omega x}\mathrm{d}x \tag{8-2}$$

可以看出，$\Phi(\omega)$ 是概率密度函数 $f(x)$ 的逆傅里叶变换。称 $\Phi(\omega)$ 为第一特征函数。求第一特征函数的 k 阶导数，得：

$$\Phi^k(\omega) = \frac{\mathrm{d}^k \Phi(\omega)}{\mathrm{d}\omega^k} = \mathrm{j}^k E\{x^k \mathrm{e}^{\mathrm{j}\omega x}\} \tag{8-3}$$

从式(8-3)可以看出，令 $\omega = 0$，即可求出随机变量 x 的 k 阶矩：

$$m_k = E\{x^k\} = (-\mathrm{j})^k \frac{\mathrm{d}^k \Phi(\omega)}{\mathrm{d}\omega^k}\Big|_{\omega=0} = (-\mathrm{j})^k \Phi^{(k)}(0) \tag{8-4}$$

第二特征函数定义为第一特征函数的自然对数：

$$\Psi(\omega) = \ln\Phi(\omega) \tag{8-5}$$

类似地，随机变量的 k 阶累积量可以定义为第二特征函数的 k 阶导数：

$$c_{kx} = (-\mathrm{j})^k \frac{\mathrm{d}^k \ln\Phi(\omega)}{\mathrm{d}\omega^k}\Big|_{\omega=0} = (-\mathrm{j})^k \Psi^{(k)}(0) \tag{8-6}$$

将单个随机变量 x 的上述讨论推广到多个随机变量。即对于 k 维随机变量，设它们的联合概率密度函数为 $f(x_1, x_2, \cdots, x_k)$，定义其第一联合特征函数为

$$\Phi(\omega_1, \omega_2, \cdots, \omega_k) = E\{\exp[\mathrm{j}(\omega_1 x_1 + \omega_2 x_2 + \cdots + \omega_k x_k)]\}$$
$$= \int_{-\infty}^{\infty} \cdots \int_{-\infty}^{\infty} f(x_1, \cdots, x_k) \mathrm{e}^{\mathrm{j}(\omega_1 x_1 + \omega_2 x_2 + \cdots + \omega_k x_k)} \mathrm{d}x_1 \mathrm{d}x_2 \cdots \mathrm{d}x_k$$
$$\tag{8-7}$$

对第一联合特征函数求 $r = r_1 + r_2 + \cdots + r_k$ 阶偏导，可得其 r 阶联合矩：

$$m_{r_1 r_2 \cdots r_k} = E\{x_1^{r_1} x_2^{r_2} \cdots x_k^{r_k}\} = (-\mathrm{j})^r \frac{\partial^r \Phi(\omega_1, \omega_2, \cdots, \omega_k)}{\partial\omega_1^{r_1} \partial\omega_2^{r_2} \cdots \partial\omega_k^{r_k}}\Big|_{\omega_1=\omega_2=\cdots=\omega_k=0} \tag{8-8}$$

同样地，第二联合特征函数定义为第一联合特征函数的自然对数：

$$\Psi(\omega_1, \omega_2, \cdots, \omega_k) = \ln\Phi(\omega_1, \omega_2, \cdots, \omega_k) \tag{8-9}$$

对第二联合特征函数求 $r = r_1 + r_2 + \cdots + r_k$ 阶偏导，可得其 r 阶联合累积量：

$$C_{1\cdots 1} = \mathrm{cum}(x_1, x_2, \cdots, x_k) = (-\mathrm{j})^r \frac{\partial^k \ln\Phi(\omega_1, \omega_2, \cdots, \omega_k)}{\partial\omega_1 \cdots \partial\omega_k}\Big|_{\omega_1=\omega_2=\cdots=\omega_k=0} \tag{8-10}$$

实际常取 $r_1 = r_2 = \cdots = r_k = 1$，即可得到 k 个随机变量的 k 阶矩和 k 阶累积量分别为

$$m_{1\cdots 1} \stackrel{\mathrm{def}}{=} E\{x_1 x_2 \cdots x_k\} = (-\mathrm{j})^k \frac{\partial^k \Phi(\omega_1, \omega_2, \cdots, \omega_k)}{\partial\omega_1 \partial\omega_2 \cdots \partial\omega_k}\Big|_{\omega_1=\omega_2=\cdots=\omega_k=0} \tag{8-11}$$

$$c_{1\cdots 1} \stackrel{\mathrm{def}}{=} \mathrm{cum}(x_1 x_2 \cdots x_k) = (-\mathrm{j})^k \frac{\partial^k \ln\Phi(\omega_1, \omega_2, \cdots, \omega_k)}{\partial\omega_1 \partial\omega_2 \cdots \partial\omega_k}\Big|_{\omega_1=\omega_2=\cdots=\omega_k=0} \tag{8-12}$$

现在分析一下高斯信号的高阶累积量,令 x 是一个高斯随机变量,它的均值为 μ,方差为 σ^2,即 $x \sim N(\mu, \sigma^2)$。由于 x 的概率密度函数为

$$f(x) = \frac{1}{\sqrt{2\pi}\sigma} \exp\left(-\frac{(x-\mu)^2}{2\sigma^2}\right) \tag{8-13}$$

故高斯随机变量 x 的第一特征函数为

$$\Phi(\omega) = \int_{-\infty}^{\infty} f(x) e^{j\omega x} dx = \frac{1}{\sqrt{2\pi}\sigma} \int_{-\infty}^{\infty} \exp\left(-\frac{(x-\mu)^2}{2\sigma^2} + j\omega x\right) dx \tag{8-14}$$

由积分公式

$$\int_{-\infty}^{\infty} \exp(-Ax^2 \pm 2Bx - C) dx = \sqrt{\frac{\pi}{A}} \exp\left(-\frac{AC-B^2}{A}\right) \tag{8-15}$$

令 $A = \frac{1}{2\sigma^2}, B = \frac{\frac{\mu}{\sigma^2}+j\omega}{2}, C = \frac{\mu^2}{2\sigma^2}$,可得

$$\Phi(\omega) = \exp\left(\mu j\omega - \frac{\omega^2 \sigma^2}{2}\right) \tag{8-16}$$

故高斯信号的第二特征函数为

$$\Psi(\omega) = \ln\Phi(\omega) = \mu j\omega - \frac{\sigma^2 \omega^2}{2} \tag{8-17}$$

其各阶导数为

$$\Psi'(\omega) = \mu j - \sigma^2 \omega \tag{8-18}$$
$$\Psi''(\omega) = -\sigma^2 \tag{8-19}$$
$$\Psi^{(k)}(\omega) \equiv 0, \quad k = 3, 4, \cdots \tag{8-20}$$

故任意一个高斯随机过程的高阶(三阶及以上各阶)累积量恒等于零。

又设随机信号 $\{x_i\}$ 和 $\{y_i\}$ 统计独立,令 $z = (x_1+y_1, x_2+y_2, \cdots, x_k+y_k) = x+y$,则有:

$$\begin{aligned}\Psi_z(w_1, w_2, \cdots, w_k) &= \ln E\{e^{j[w_1(x_1+y_1)+w_2(x_2+y_2)+\cdots+w_k(x_k+y_k)]}\}\\ &= \ln E\{e^{j(w_1x_1+w_2x_2+\cdots+w_kx_k)}\} + \ln E\{e^{j(w_1y_1+w_2y_2+\cdots+w_ky_k)}\}\\ &= \Psi_x(w_1, w_2, \cdots, w_k) + \Psi_y(w_1, w_2, \cdots, w_k)\end{aligned} \tag{8-21}$$

即累积量是可加的。结合式(8-20)和式(8-21),可以知道加性高斯噪声的高阶累积量为零,即信号的高阶(大于等于三阶)累积量不受加性高斯噪声的影响。

2. 双谱的定义及性质

对于平稳随机信号 $x(t)$,令 $k=3, x_1=x(t), x_2=x(t+\tau_1), x_3=x(t+\tau_2)$,根据式(8-11)可得随机信号 $x(t)$ 的三阶矩为

$$m_{3x}(\tau_1, \tau_2) = E\{x(t)x(t+\tau_1)x(t+\tau_2)\} \tag{8-22}$$

对于零均值随机信号,三阶累积量和三阶矩相等,即:

$$c_{3x}(\tau_1, \tau_2) = m_{3x}(\tau_1, \tau_2) = E\{x(t)x(t+\tau_1)x(t+\tau_2)\} \tag{8-23}$$

由上式可以看出,平稳随机过程的三阶累积量中只有 τ_1、τ_2 两个变量。

k 阶累积量的 $k-1$ 阶傅里叶变换就是 k 阶累积量谱。双谱(三阶累积量谱)是三阶累积量的二维傅里叶变换,对式(8-23)做二维傅里叶变换得双谱

$$B_x(w_1, w_2) = \int_{-\infty}^{\infty}\int_{-\infty}^{\infty} E\{x(t)x(t+\tau_1)x(t+\tau_2)\} e^{-jw_1\tau_1} e^{-jw_2\tau_2} d\tau_1 d\tau_2 \tag{8-24}$$

双谱是三阶累积量的二维傅里叶变换,故高斯信号的双谱也为零。功率谱表征的是信号的能量在频域上的分布,而双谱的物理意义却没有这么清晰。相关函数和功率谱是二阶统计量,可以完整地刻画信号的二阶统计特性。二阶统计量是经典方法,能有效地处理高斯信号。高阶统计量是二阶统计量的推广,可以理解为随机信号或随机过程的高阶相关,它们包含了二阶统计量不能反映的信息。功率谱可以看作是信号方差在频域上的分解,双谱和三谱是信号的偏态和峭度在频域上的分解。

双谱具有以下性质,这里只给出结论,证明从略。

(1) 双谱一般为复数,即:

$$B_x(\omega_1,\omega_2) = |B_x(\omega_1,\omega_2)| \, e^{j\phi_B(\omega_1,\omega_2)} \tag{8-25}$$

式中,$\phi_B(\omega_1,\omega_2)$ 和 $|B_x(\omega_1,\omega_2)|$ 分别表示双谱的相位和幅度。由此可见,信号的双谱保留了信号的非线性相位信息,可以抑制线性相移,且能够正确恢复出原始信号的相位。

(2) 双谱是双周期函数,两个周期均为 2π,即:

$$B_x(\omega_1,\omega_2) = B_x(\omega_1 + 2\pi, \omega_2 + 2\pi) \tag{8-26}$$

其主值区间为图 8-1 中六边形实线围成的区域,两个谱频率的取值范围是:$-\pi < \omega_1 \leqslant \pi$,$-\pi < \omega_2 \leqslant \pi$,$-\pi < \omega_1 + \omega_2 \leqslant \pi$。

(3) 双谱具有如下对称性:

$$
\begin{aligned}
B_x(\omega_1,\omega_2) &= B_x(\omega_2,\omega_1) = B_x^*(-\omega_1,-\omega_2)\\
&= B_x^*(-\omega_2,-\omega_1) = B_x(-\omega_1-\omega_2,\omega_2)\\
&= B_x(\omega_1,-\omega_1-\omega_2) = B_x(-\omega_1-\omega_2,\omega_1)\\
&= B_x(\omega_2,-\omega_1-\omega_2)
\end{aligned} \tag{8-27}
$$

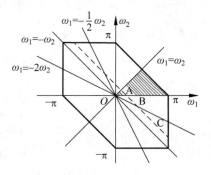

图 8-1 双谱的对称性示意图

双谱的对称轴和对称区间如图 8-1 所示。根据双谱的对称性,可以将双谱分成 12 个扇区,每个扇区包含相同的信息。

8.2.2 双谱的估计

在介绍双谱估计方法之前,先对双谱的定义式进行化简,以方便双谱估计时的计算。对式(8-24)化简得

$$
\begin{aligned}
B_x(w_1,w_2) &= \int_{-\infty}^{\infty}\int_{-\infty}^{\infty} E\{x(t)x(t+\tau_1)x(t+\tau_2)\} e^{-jw_1\tau_1} e^{-jw_2\tau_2} \, \mathrm{d}\tau_1 \mathrm{d}\tau_2\\
&= \int_{-\infty}^{\infty}\int_{-\infty}^{\infty}\int_{-\infty}^{\infty} x(t)x(t+\tau_1)x(t+\tau_2) e^{-jw_1\tau_1} e^{-jw_2\tau_2} \, \mathrm{d}t\mathrm{d}\tau_1 \mathrm{d}\tau_2\\
&= \int_{-\infty}^{\infty} x(t)\left[\int_{-\infty}^{\infty} x(t+\tau_1) e^{-jw_1\tau_1}\mathrm{d}\tau_1\right]\left[\int_{-\infty}^{\infty} x(t+\tau_2) e^{-jw_2\tau_2}\mathrm{d}\tau_2\right]\mathrm{d}t\\
&= \int_{-\infty}^{\infty} x(t)\left[X(w_1) e^{jw_1 t}\right]\left[X(w_2) e^{jw_2 t}\right]\mathrm{d}t\\
&= X(w_1)X(w_2)\int_{-\infty}^{\infty} x(t) e^{jw_1 t} e^{jw_2 t}\mathrm{d}t\\
&= X(w_1)X(w_2)X^*(w_1+w_2) \tag{8-28}
\end{aligned}
$$

式中,$X(w)$ 是 $x(t)$ 的傅里叶变换。与功率谱的估计类似,双谱的估计也有直接法和间接法

两种,前者的估计思想类似于功率谱估计的周期图法,先计算观测数据的傅里叶变换,再对其做频域相关,具体步骤如下:

步骤1:将观测数据$\{x(k)\}$,$k=1,2,\cdots,N$分成K段,每段有M个样本,记为$x^i(0)$,$x^i(1),\cdots x^i(M-1)$,$i=1,2,\cdots,K$,分段时可以有重叠也可以没有重叠,无重叠时,$N=KM$。

步骤2:计算分段数据的离散傅里叶变换(DFT):

$$X^i(\lambda)=\frac{1}{M}\sum_{n=0}^{M-1}x^i(n)e^{-j2\pi n\lambda/M} \tag{8-29}$$

其中$x^i(n)$为第i段样本数据。

步骤3:对步骤2的结果计算DFT系数的三重相关,得到每段数据的双谱估计:

$$\hat{B}^i(\lambda_1,\lambda_2)=\frac{1}{\Delta^2}\sum_{i_1=-L_1}^{L_1}\sum_{i_2=-L_1}^{L_1}X^i(\lambda_1+i_1)X^i(\lambda_2+i_2)X^i(-\lambda_1-\lambda_2-i_1-i_2) \tag{8-30}$$

式中,$0\leq\lambda_2\leq\lambda_1$,$\lambda_1+\lambda_2\leq f_s/2$,$\Delta=f_s/N_0$,$f_s$为采样频率,$N_0$和$L_1$需要满足关系式$M=(2L_1+1)N_0$。

步骤4:对步骤3得到的数据求平均,就可以得到观测数据的双谱估计:

$$\hat{B}(\omega_1,\omega_2)=\frac{1}{K}\sum_{i=1}^{K}\hat{B}^i(\omega_1,\omega_2) \tag{8-31}$$

式中,$\omega_1=\frac{2\pi f_s}{N_0}\lambda_1$,$\omega_2=\frac{2\pi f_s}{N_0}\lambda_2$。

间接估计方法的思想是先计算分段样本的三阶累积量,再取平均,最后做二维离散傅里叶变换。本章的双谱就是由直接法估计得到的。

8.2.3 对角积分双谱特征提取

式(8-24)表明双谱是二维数据,在实际应用中数据量较为庞大,需要对其进行适当的降维处理。目前减少双谱数据量的方法较多,比较而言,文献[1]~[7]既能尽可能多地保留双谱中的信息,又能避免直接进行二维匹配,是效果较好的方法。然而,它们也存在一定的缺陷。文献[2]的方法是文献[1]方法的改进。文献[1][2]和[4]提出的方法需要进行插值处理,这种方式会带来计算误差,同时造成了噪声的重复利用。文献[4]提出的方法还需要进行坐标变换,增加了一定的计算量。文献[5]提出的方法的性能与矩形区域的大小密切相关,而寻找最优的矩形大小需要增加计算量。文献[3]的方法保留了比双谱少得多的相位信息。文献[7]提出的方法是文献[6]方法的改进,在性能上相对其他方法有所提高,但是该方法只考虑了双谱的对称性,而没有考虑用于分类识别的特征的对称性,信息利用率不高。

针对以上问题,提出对角积分双谱,其积分路径为沿平行于双谱主对角线或次对角线的直线序列。其积分表达式为

$$S_1(a)=\frac{1}{2\pi}\int_{a/2}^{\pi}B_x(\omega_1,a-\omega_1)d\omega_1, \quad 0\leq a\leq\pi \tag{8-32}$$

$$S_2(a)=\frac{1}{2\pi}\int_{-a/2}^{(\pi-a)/2}B_x(\omega_1,\omega_1+a)d\omega_1, \quad -\pi\leq a\leq 0 \tag{8-33}$$

$S_1(a)$为沿平行于主对角线的直线积分得到的积分双谱,$S_2(a)$为沿平行于次对角线的直线积分得到的积分双谱。$S_1(a)$和$S_2(a)$的积分路径如图8-2所示。这里将平行主对角线积分得到的结果称为主对角积分双谱,把平行于次对角线积分得到的结果称为次对角积

分双谱,它们统称为对角积分双谱。

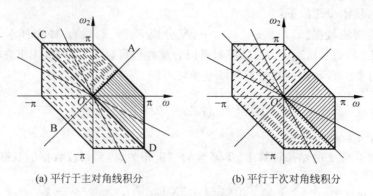

(a) 平行于主对角线积分　　　　　(b) 平行于次对角线积分

图 8-2　对角积分双谱的积分路径示意图

关于对角积分双谱特征提取方法,这里有一点需要说明:由于双谱存在如图 8-1 所示的对称性,只需要知道一个扇区内的双谱信息,就可以推知其他部分的双谱信息。故在现有文献中,基于双谱的特征提取方法一般都只考虑了图 8-1 中阴影扇区内的信息,而忽略了其他部分的信息。虽然该阴影区域包含了全部的双谱信息,但是很显然,如果将阴影部分的直线延长(如图 8-1 虚线所示)到整个双谱区域,对角积分双谱的积分直线上将包含更加丰富的幅度信息。因为,如图 8-1 所示,区域 B 和区域 C 内虚线上所有的点均不是区域 A 内虚线上的点。

在图 8-2(a)中,由于直线 AB 是双谱的对称轴,因此只对直线 AB 以下的部分积分时,积分结果幅度减半,又由于直线 CD 是双谱的对称轴,因此积分结果左右对称。综上所述,主对角积分双谱只需要对图 8-2(a)实线部分积分即可。同理,次对角积分双谱只需要对图 8-2(b)的实线部分积分即可。基于对角积分双谱特征提取方法的两个主要步骤是:

(1) 计算信号的双谱;

(2) 对双谱沿平行于次对角线的直线积分,得到对角积分双谱特征,并将其作为特征选择或者分类识别等的输入。

对角积分双谱特征提取方法通过双谱的对称性推知特征的对称性,扩大了特征提取时信息的利用范围,使得信息的利用更加完整。

8.2.4　仿真实验及分析

为了验证对角积分双谱的性能,在不同信噪比的高斯白噪声背景下,用其提取的 9 种信号的特征,并用这些特征进行分类识别。在这 9 种信号中,COSTAS 频率调制信号、BPSK、FRANK、P1、P2、P3、P4 等相位编码信号已经在第 3 章中进行了介绍。LFMCW 的信号表达式为

$$s(t) = \sum_{n=0}^{M-1} \text{rect}\left(\frac{t-nT}{T}\right) \exp\left\{j2\pi\left[f_0(t-nT) + \frac{1}{2}k(t-nT)^2\right]\right\} \tag{8-34}$$

式中,$\text{rect}\left(\dfrac{t}{T}\right) = \begin{cases} 1 & 1 \leqslant t \leqslant T \\ 0 & \text{其他} \end{cases}$,$k = B/T$ 为调频斜率,B 为带宽,T 为信号时宽。图 8-3 为 LFMCW 信号的短时傅里叶变换。

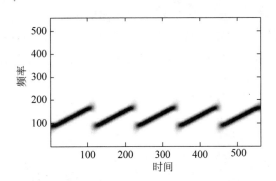

图 8-3   LFMCW 信号的短时傅里叶变换

STLFMCW 的信号表达式为

$$s(t) = \sum_{n=0}^{M-1} s_0(t-nT) \tag{8-35}$$

其中，

$$s_0(t) = \begin{cases} \exp\left\{j2\pi\left[\left(f_0-\dfrac{B}{2}\right)t+\dfrac{B}{t_m}t^2\right]\right\} & t \in [0,t_m) \\ \exp\left\{j2\pi\left[\left(f_0+\dfrac{B}{2}\right)(t-t_m)+\dfrac{B}{t_m}(t-t_m)^2\right]\right\} & t \in [t_m,2t_m) \\ 0 & \text{其他} \end{cases} \tag{8-36}$$

其中 f_0 为载频，B 为调制带宽，T 为调制周期，$T=2t_m$。图 8-4 为 STLFMCW 信号的短时傅里叶变换。

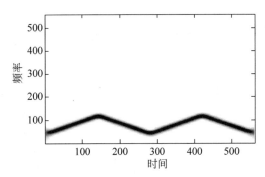

图 8-4   STLFMCW 信号的短时傅里叶变换

在本仿真中，COSTAS 的载频序列为 3000Hz，2000Hz，6000Hz，4000Hz，5000Hz，1000Hz，其余 7 个信号的载频均为 1000Hz。BPSK 采用的是 13 位 Barker 码，码元速率为 1000Hz/s。FRANK 码、P1 码和 P2 码的 N 取 4，P3 码和 P4 码的 N 取 16，也就是说，5 种多相码信号的相位序列均包含 16 个可变相位，码元速率均为 1000Hz/s，计算可得多相码的带宽均为 1000Hz，各信号的码元周期均为 16ms。LFMCW 信号的调制带宽为 3000Hz，调频斜率为 111 940Hz/s。STLFMCW 的调制带宽为 250Hz，调制周期为 40ms。COSTAS 的跳频速率为 1000Hz。仿真采用的分类器为线性 SVM，训练样本和测试样本之比为1∶4，最终结果由 10 次试验取平均得到。

仿真的过程及具体处理结果如下：

（1）计算信号的双谱，这里将 9 个信号的双谱图展示如图 8-5 所示，图中两个坐标均为频率。从图中可以看出 LFMCW 信号、STLFMCW 信号和 COSTAS 信号与其他 6 种调相信号的双谱图相差较大，而这些调相信号的双谱无论是在峰值大小还是峰值出现的位置上都不尽相同。

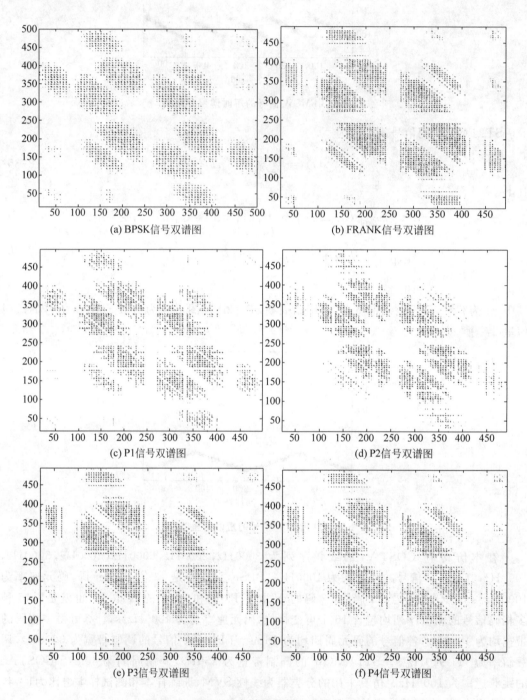

图 8-5　各种信号的双谱图

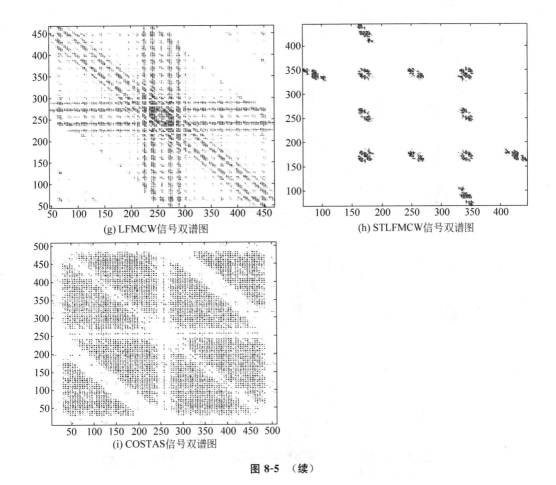

(g) LFMCW信号双谱图　　　　　(h) STLFMCW信号双谱图

(i) COSTAS信号双谱图

图 8-5 （续）

（2）提取各信号的特征。画出了主对角积分双谱和次对角积分双谱的特征。从图 8-6 和图 8-7 可以看出，各种信号用两种方式积分得到的积分双谱特征差别都比较大，在主对角积分双谱特征中，P3 码和 P4 码两种信号的特征差别较小，次对角积分双谱中，FRANK 码、P3 码和 P4 码 3 种信号的特征差别较小。

（3）将本节方法提取的特征输入到线性 SVM 分类器中，得到信号的识别率。图 8-8 是主对角积分双谱的识别率图，可以看出 FRANK、P3 和 P4 码 3 种信号的识别率较低，P1 和 P2 码的识别率中等，其余信号的识别率较高，当信噪比达到 11dB 时，主对角积分的整体识别率接近 100%。图 8-9 是次对角积分双谱的识别率图，各信号的识别率大小关系与主对角的差别不大，但是各信号的识别率之间相对差别较小，当信噪比达到 7dB 时，各种信号的识别率接近 100%。

表 8-1 是信噪比为－1dB 时主对角积分双谱特征的识别结果表，表 8-2 是信噪比为－1dB 时次对角积分双谱特征的识别结果表。在这两个表中，每一行表示一个信号被识别成其他信号的概率，如表 8-1 的第一行的各列依次表示 BPSK 信号识别成 BPSK 的概率为 97.75%，识别成 FRANK 码、P1 码、P2 码、P3 码、P4 码和 LFMCW 的概率都为 0，识别成 STLFMCW 信号的概率为 2.25%，识别成 COSTAS 信号的概率也为 0，其他各行以此类推。两个表都表明 FRAKN 码、P3 码和 P4 码信号之间较容易混淆。主对角积分双谱特征

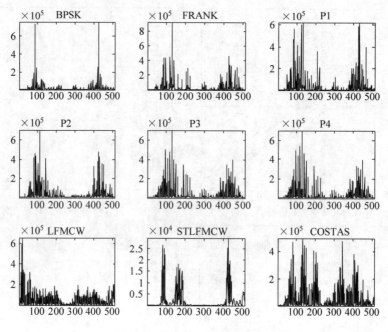

图 8-6　主对角积分双谱的特征

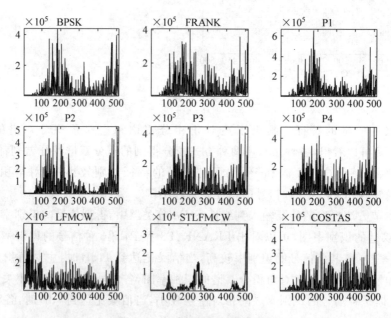

图 8-7　次对角积分双谱的特征

FRANK 码被误识别成 P3 码和 P4 码的概率分别为 13.5% 和 15.25%，P3 码被误识别成 FRANK 码和 P4 码的概率分别为 14% 和 30.25%，而 P4 码被误识别成 FRANK 码和 P3 码的概率分别为 14.75% 和 34%。次对角积分双谱特征 FRAKN 码被误识别成 P3 码和 P4 码的概率分别为 23.25% 和 9.75%，P3 码被误识别成 FRANK 码和 P4 码的概率分别为 14.25% 和 17.25%，而 P4 码被误识别成 FRANK 码和 P3 码的概率分别为 6.75% 和 22%。

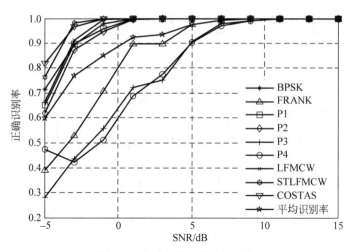

图 8-8 主对角积双谱的识别率

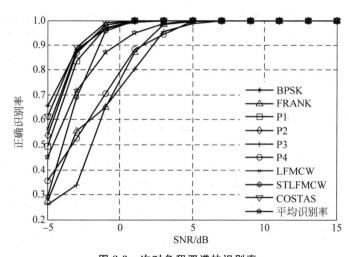

图 8-9 次对角积双谱的识别率

这些结果与图 8-5 给出的双谱图、图 8-6 和图 8-7 给出的特征以及图 8-8 和图 8-9 给出的识别率图是一致的。

表 8-1 主对角积分双谱特征的识别结果

信号	BPSK	FRANK	P1	P2	P3	P4	LFMCW	STLFMCW	COSTAS
BPSK	97.75	0	0	0	0	0	0	2.25	0
FRANK	0	71	0	0	13.5	15.25	0	0.25	0
P1	0	0	95.75	0	0	0	0	4.25	0
P2	0	0	0	94.75	0	0	0	5.25	0
P3	0	14	0	0	55.75	30.25	0	0	0
P4	0	14.75	0	0	34	51.25	0	0	0
LFMCW	0	0	0	0	0	0	99.5	0.5	0
STLFMCW	0	0	0	0	0	0	0	100	0
COSTAS	0	0	0	0	0	0	0	0.25	99.75
总计	97.75	99.75	95.75	94.75	103.25	96.75	99.5	112.75	99.75

表 8-2　次对角积分双谱特征的识别结果

信号	BPSK	FRANK	P1	P2	P3	P4	LFMCW	STLFMCW	COSTAS
BPSK	96.75	0	0	0	0	0	0	3.25	0
FRANK	0	65	0	0	23.25	9.75	0	2	0
P1	0	0.5	97	0	0.75	0	0	1.75	0
P2	0	0	0	98.25	0	0	0	1.75	0
P3	0	14.25	0.25	0.25	65.5	17.25	0	2.5	0
P4	0	6.75	0	0	22	70.5	0	0.75	0
LFMCW	0	0	0	0	0	0	97	3	0
STLFMCW	3.5	0	0	0.5	0	0	0.25	95.75	0
COSTAS	0	0	0	0	0	0	0	1	99
总计	100.25	86.5	97.25	99.0	111.5	97.5	97.25	111.75	99

　　本节主要研究了基于双谱的特征提取方法。首先介绍了高阶累积量的定义,并给出了高阶累积量抗加性高斯噪声的理论证明。双谱是三阶累积量谱,自然也具备抗加性高斯噪声的性质,然而其数据量较大。本章提出对角积分双谱,该方法不但避免了插值和寻优等问题,而且兼顾了双谱的对称性和积分双谱特征的对称性,提高了信息的利用率。最后将对角积分双谱应用于雷达辐射源信号的提取特征。

8.3　基于循环双谱的雷达辐射源信号识别

　　统计特性随时间变化的信号称为时变信号或非平稳信号。8.2节介绍的双谱是分析信号平稳特性的有效方法,但是在分析信号的非平稳特性时表现出一定的不足。在非平稳信号中,有一类很重要的信号、它们的统计特性随时间周期性变化,具有这种特性的信号叫做循环平稳信号或者周期平稳信号。这类信号广泛地存在于雷达、通信、遥感等领域,如对正弦载波进行调制(调幅、调频和调相等)以及对周期脉冲信号进行调制(脉幅、脉宽和脉位等调制),都会使调制后的信号表现出周期平稳性。根据信号所表现出的周期性的统计特性,可以将循环平稳信号分为一阶(均值)、二阶(相关函数)和高阶(高阶循环累积量)循环平稳信号。

　　循环平稳分析是现代信号处理的有力工具之一[8-10]。循环谱和循环累积量在分析二阶循环平稳信号时具有优良的性能,但在描述具有高阶循环平稳特性的复杂雷达辐射源信号时表现出一定的不足,且其抗噪性能不如高阶循环统计量。高阶循环统计量是循环平稳分析的重要组成部分,具有以下优良性能[11]:

　　(1)能够分离平稳信号和循环平稳信号;

　　(2)能够表征非线性;

　　(3)能够恢复时变相位信息;

　　(4)在理论上能够完全抑制平稳噪声和非平稳的高斯噪声,是处理非线性、非高斯、非最小相位和非平稳信号的有效工具。

　　三阶循环累积量是阶次最低的高阶循环累积量,处理起来相对简单,同时,三阶循环累积量又具备高阶循环累积量的所有特性。循环双谱由三阶循环累积量的二维离散傅里叶变换得到,包含了丰富的信息,其缺点是数据量庞大。现阶段用于循环双谱数据降维的方法是取其对角切片,然后再对对角切片进行奇异值分解。很明显,对角切片只包含了循环双谱的很少一部分信息,而丢失的那部分信息可能对分类识别很有价值,因而该方法可能导致雷达辐射源信号分类识别性能下降。本节将循环双谱应用到雷达辐射源信号的特征提取中,给出了多种积分循环双谱的特征提取算法。

8.3.1　循环双谱

1. 循环双谱的定义

定义1:循环平稳信号 $x(t)$ 的 k 阶时变函数定义为 k 阶滞后积的期望值:

$$m_{kx}(t;\tau_1,\tau_2,\cdots,\tau_{k-1}) = \hat{E}^{(a)}\left\{\prod_{j=0}^{k-1} x(t+\tau_j)\right\} \tag{8-37}$$

式中,α 为循环频率,通常约定 $\tau_0 = 0$。$\hat{E}^{(a)}\{\cdot\}$ 定义为

$$\hat{E}^{(a)}\{g(t)\} = \sum_\alpha \langle g(t)e^{-j2\pi\alpha t}\rangle_t e^{j2\pi\alpha t} \tag{8-38}$$

式中,$\langle\cdot\rangle_t = \lim_{T\to\infty}\frac{1}{T}\int_{-T/2}^{T/2}\cdot\,dt$ 表示时间平均。

定义2:对于固定的滞后 $\tau_1,\tau_2,\cdots,\tau_{k-1}$,如果时变函数存在一个相对于 t 的傅里叶级数展开,则:

$$m_{kx}(t;\tau_1,\tau_2,\cdots,\tau_{k-1}) = \sum_{\alpha\in A_k^m} M_{kx}^a(\tau_1,\tau_2,\cdots,\tau_{k-1})e^{j\alpha t} \tag{8-39}$$

$$M_{kx}^a(\tau_1,\tau_2,\cdots,\tau_{k-1}) = \lim_{T\to\infty}\frac{1}{T}\sum_{t=0}^{T-1} m_{kx}(t;\tau_1,\tau_2,\cdots,\tau_{k-1})e^{-j\alpha t}$$

$$= \langle m_{kx}(t;\tau_1,\tau_2,\cdots,\tau_{k-1})e^{-j\alpha t}\rangle_t \tag{8-40}$$

傅里叶系数 $M_{kx}^a(\tau_1,\tau_2,\cdots,\tau_{k-1})$ 称为 $x(t)$ 在循环频率 α 处的 k 阶循环矩,A_k^m 称为相对于循环矩的循环频率集,它定义为

$$A_k^m = \{\alpha: M_{kx}^a(\tau_1,\tau_2,\cdots,\tau_{k-1})\neq 0, -\pi<\alpha\leqslant\pi\} \tag{8-41}$$

可以证明,若 $\alpha\in A_k^m$,则 $\alpha+n\cdot 2\pi\in A_k^m, n\in Z$。因此,约定只考虑 $(-\pi,\pi]$ 内的循环频率。特别地,当 $k=3$ 时,得到三阶循环矩。对于零均值的循环平稳过程 $\{x(t)\}$,三阶循环累积量和三阶循环矩相等,即:

$$C_{3x}^a(\tau_1,\tau_2) = M_{3x}^a(\tau_1,\tau_2) = \langle x(t)x(t+\tau_1)x(t+\tau_2)e^{-j\alpha t}\rangle_t \tag{8-42}$$

实际信号均可以减去其均值得到零均值的信号。三阶循环累积量的二维离散傅里叶变换就是循环双谱,其表达式如下:

$$S_{3x}^a(\omega_1,\omega_2) = \sum_{\tau_1=-\infty}^{\infty}\sum_{\tau_2=-\infty}^{\infty} C_{3x}^a(\tau_1,\tau_2)e^{-j(\omega_1\tau_1+\omega_2\tau_2)} \tag{8-43}$$

式中,ω_1 和 ω_2 是两个谱频率。

2. 循环双谱的性质

在证明循环双谱的性质之前,先来证明三阶循环累积量的性质。实信号的三阶循环累积量具有对称性。即:

$$C_{3x}^a(\tau_2,\tau_1) = \langle x(t)x(t+\tau_2)x(t+\tau_1)e^{-j\alpha t}\rangle_t$$

$$= \langle x(t)x(t+\tau_1)x(t+\tau_2)\mathrm{e}^{-\mathrm{j}at}\rangle_t = C_{3x}^{\alpha}(\tau_1,\tau_2) \tag{8-44}$$

$$\{C_{3x}^{\alpha}(\tau_1,\tau_2)\}^* = \{\langle x(t)x(t+\tau_1)x(t+\tau_2)\mathrm{e}^{-\mathrm{j}at}\rangle_t\}^*$$

$$= \{\langle x(t)x(t+\tau_1)x(t+\tau_2)\mathrm{e}^{-\mathrm{j}(-a)t}\rangle_t\} = C_{3x}^{-a}(\tau_1,\tau_2) \tag{8-45}$$

式中，$\{\cdot\}^*$ 表示共轭。同理可以证明：

$$\{C_{3x}^{\alpha}(\tau_2,\tau_1)\}^* = C_{3x}^{-a}(\tau_1,\tau_2) \tag{8-46}$$

还可以证明更为复杂的对称关系：

$$C_{3x}^{\alpha}(-\tau_2,\tau_1-\tau_2) = \langle x(t)x(t-\tau_2)x(t+\tau_1-\tau_2)\mathrm{e}^{-\mathrm{j}at}\rangle_t$$

$$= \langle x(t-\tau_2)x(t)x(t+\tau_1-\tau_2)\mathrm{e}^{-\mathrm{j}at}\rangle_t$$

$$\xrightarrow{\;\;t'=t-\tau_2\;\;} \langle x(t')x(t'+\tau_1)x(t'+\tau_2)\mathrm{e}^{-\mathrm{j}a(t'+\tau_2)}\rangle_{t'}$$

$$= \langle x(t')x(t'+\tau_1)x(t'+\tau_2)\mathrm{e}^{-\mathrm{j}at'}\rangle_{t'}\mathrm{e}^{-\mathrm{j}a\tau_2} = C_{3x}^{\alpha}(\tau_1,\tau_2)\mathrm{e}^{-\mathrm{j}a\tau_2} \tag{8-47}$$

同理可以证明：

$$C_{3x}^{\alpha}(\tau_2-\tau_1,-\tau_1) = C_{3x}^{\alpha}(\tau_1,\tau_2)\mathrm{e}^{-\mathrm{j}a\tau_1} \tag{8-48}$$

$$C_{3x}^{\alpha}(\tau_1-\tau_2,-\tau_2) = C_{3x}^{\alpha}(\tau_1,\tau_2)\mathrm{e}^{-\mathrm{j}a\tau_2} \tag{8-49}$$

$$C_{3x}^{\alpha}(-\tau_1,\tau_2-\tau_1) = C_{3x}^{\alpha}(\tau_1,\tau_2)\mathrm{e}^{-\mathrm{j}a\tau_1} \tag{8-50}$$

根据定义不难证明，实信号的循环双谱 $S_{3x}^{\alpha}(\omega_1,\omega_2)$ 具有周期为 2π 的双周期性：

$$S_{3x}^{\alpha}(\omega_1+2\pi,\omega_2) = \sum_{\tau_1=-\infty}^{\infty}\sum_{\tau_2=-\infty}^{\infty}C_{3x}^{\alpha}(\tau_1,\tau_2)\mathrm{e}^{-\mathrm{j}[(\omega_1+2\pi)\tau_1+\omega_2\tau_2]}$$

$$= \sum_{\tau_1=-\infty}^{\infty}\sum_{\tau_2=-\infty}^{\infty}C_{3x}^{\alpha}(\tau_1,\tau_2)\mathrm{e}^{-\mathrm{j}(\omega_1\tau_1+\omega_2\tau_2)}\cdot\mathrm{e}^{-\mathrm{j}2\pi\tau_1} = S_{3x}^{\alpha}(\omega_1,\omega_2) \tag{8-51}$$

同理可以证明：

$$S_{3x}^{\alpha}(\omega_1,\omega_2+2\pi) = S_{3x}^{\alpha}(\omega_1+2\pi,\omega_2+2\pi) = S_{3x}^{\alpha}(\omega_1,\omega_2) \tag{8-52}$$

根据三阶循环累积量的对称性，现在证明循环双谱的对称性。首先根据式(8-44)、式(8-45)和式(8-46)，可以证明：

$$S_{3x}^{\alpha}(\omega_2,\omega_1) = \sum_{\tau_1=-\infty}^{\infty}\sum_{\tau_2=-\infty}^{\infty}C_{3x}^{\alpha}(\tau_1,\tau_2)\mathrm{e}^{-\mathrm{j}(\omega_2\tau_1+\omega_1\tau_2)}$$

$$= \sum_{\tau_1=-\infty}^{\infty}\sum_{\tau_2=-\infty}^{\infty}C_{3x}^{\alpha}(\tau_2,\tau_1)\mathrm{e}^{-\mathrm{j}(\omega_1\tau_2+\omega_2\tau_1)} = S_{3x}^{\alpha}(\omega_1,\omega_2) \tag{8-53}$$

$$[S_{3x}^{-a}(-\omega_1,-\omega_2)]^* = \left[\sum_{\tau_1=-\infty}^{\infty}\sum_{\tau_2=-\infty}^{\infty}C_{3x}^{-a}(\tau_1,\tau_2)\mathrm{e}^{\mathrm{j}(\omega_1\tau_1+\omega_2\tau_2)}\right]^*$$

$$= \sum_{\tau_1=-\infty}^{\infty}\sum_{\tau_2=-\infty}^{\infty}C_{3x}^{\alpha}(\tau_1,\tau_2)\mathrm{e}^{-\mathrm{j}(\omega_1\tau_1+\omega_2\tau_2)} = S_{3x}^{\alpha}(\omega_1,\omega_2) \tag{8-54}$$

同理可以证明：

$$S_{3x}^{\alpha}(\omega_1,\omega_2) = [S_{3x}^{-a}(-\omega_2,-\omega_1)]^* \tag{8-55}$$

再根据式(8-47)、式(8-48)、式(8-49)和式(8-50)，可以证明：

$$S_{3x}^{\alpha}(-\omega_1-\omega_2+\alpha,\omega_2) = S_{3x}^{\alpha}(\omega_1,-\omega_1-\omega_2+\alpha)$$

$$= S_{3x}^{\alpha}(-\omega_1-\omega_2+\alpha,\omega_1) = S_{3x}^{\alpha}(\omega_2,-\omega_1-\omega_2+\alpha) = S_{3x}^{\alpha}(\omega_1,\omega_2) \tag{8-56}$$

根据循环双谱式(8-53)、式(8-54)和式(8-55)的对称性可知,循环双谱的对称面和对称区域的示意图如图 8-10 所示。

由于 ABCO 面和 DEFG 面都是循环双谱的对称面,再根据循环双谱的双周期性可知,实际应用时只需要得到图 8-10 中粗线围成区域内的循环双谱信息,就可以得到全部的循环双谱信息。循环双谱的双周期性和对称性将在下面特征提取时发挥重要作用,因为这些性质可以在很大程度上减小特征提取的计算量和数据量。值得注意的是,在循环双谱的对称性中,由于式(8-53)的对称性与循环频率有关,处理起来比较复杂,所以本节在特征提取时,只使用了前面的几个对

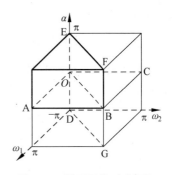

图 8-10 循环双谱对称面和
对称区域示意图

称性。这里对式(8-53)的证明只是为进一步减小数据量和简化计算提供一种思路。

8.3.2 基于循环双谱的特征提取

1. 基于循环双谱对角切片的特征提取方法

循环双谱具有优良的性能,且含有丰富的信息,但它是谱频率—谱频率—循环频率的三维数据,存储量和识别的计算量都比较大,所以需要对其进行降维处理,目前常用的主要方法是在循环双谱的两个谱频率构成的平面上取其对角切片,其算法的主要步骤如下[12]:

步骤 1,对预处理后的信号进行循环双谱变换,得到三维的循环双谱数据;

步骤 2,在由循环双谱的两个谱频率构成的平面上,令 $\omega_1 = \omega_2$,取谱频率平面的对角切片,得到一个二维的数据;

步骤 3,对二维数据进行奇异值分解,用特征值或特征向量作为信号特征进行分类识别。

显然,循环双谱对角切片只利用了两个谱频率平面对角线上的信息,损失了很大一部分的循环双谱信息,而这些信息对于分类识别可能很有意义,这是导致该方法识别率不高的主要原因。

2. 积分循环双谱特征提取

循环双谱的对角切片信息丢失严重,此处提出了积分循环双谱特征提取方法,其中包含 5 种不同的积分方式,不同的积分方式反映了循环双谱不同侧面的信息。积分循环双谱特征提取算法的主要步骤如下:

步骤 1,这一步与基于循环双谱对角切片特征提取方法的步骤 1 相同,得到一个三维数据;

步骤 2,用下面提出的 5 种积分方式之一计算其积分循环双谱,得到一个二维数据;

步骤 3,将步骤 2 得到的矩阵按列展开,得到一个一维的特征向量,用于特征选择或者分类识别。

积分循环双谱的 5 种积分方式如下:

1) 径向积分循环双谱

径向积分循环双谱特征提取方法的具体做法是对循环双谱循环频率轴上的每一个取值,在两个谱频率构成的平面上沿如图 8-11 所示的直线进行积分。其积分表达式如

式(8-54)所示：

$$\text{RICB}^a(k) = \int_{-\pi}^{\pi} S_{3x}^\alpha(\omega_1, k\omega_1)\,\mathrm{d}\omega_1, \quad 0 < k \leqslant 1, 0 < \alpha \leqslant \pi \tag{8-57}$$

考虑到循环双谱的对称性，只需要在循环频率正半轴对应的平面上，对斜率小于 1 的路径积分即可。

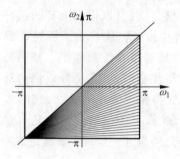

图 8-11　径向积分循环双谱的积分路径示意图

2）轴向积分循环双谱

轴向积分循环双谱特征提取方法是对循环双谱循环频率轴上的每一个取值，在两个谱频率构成的平面上沿平行于谱频率轴的直线积分，得到两种路径的轴向积分循环双谱。其表达式如式(8-58)和式(8-59)所示。

$$\text{AICB}_1^\alpha(\omega) = \frac{1}{2\pi}\int_{-\pi}^{\pi} S_{3x}^\alpha(\omega, \omega_2)\,\mathrm{d}\omega_2, \quad 0 < \alpha \leqslant \pi, -\pi < \omega \leqslant \pi \tag{8-58}$$

$$\text{AICB}_2^\alpha(\omega) = \frac{1}{2\pi}\int_{-\pi}^{\pi} S_{3x}^\alpha(\omega_1, \omega)\,\mathrm{d}\omega_1, \quad 0 < \alpha \leqslant \pi, -\pi < \omega \leqslant \pi \tag{8-59}$$

$\text{AICB}_1^\alpha(\omega)$、$\text{AICB}_2^\alpha(\omega)$ 分别是沿积分路径 1 和积分路径 2 得到轴向积分循环双谱。实际计算时，只需要对正循环频率轴对应的谱频率平面积分即可。根据循环双谱的对称性，可以证明 $\text{AICB}_1^\alpha(\omega) = \text{AICB}_2^\alpha(\omega)$，即积分路径 1 和积分路径 2 等价。积分路径 1 和积分路径 2 分别如图 8-12 和图 8-13 所示。

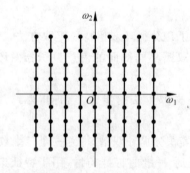

图 8-12　轴向积分循环双谱的积分路径 1

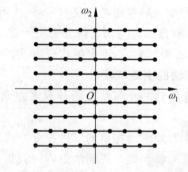

图 8-13　轴向积分循环双谱的积分路径 2

由于只需要得到如图 8-10 所示粗线区域内的循环双谱信息，就可以得到循环双谱的全部信息。由此，从减小计算量的角度对路径 1 和路径 2 做进一步的简化，得到另外两种轴向积分循环双谱，其表达式为

$$\mathrm{AICB}_3^a(\omega)=\frac{1}{2\pi}\int_{-\pi}^{\omega}S_{3x}^a(\omega,\omega_2)\mathrm{d}\omega_2,\quad 0<\alpha\leqslant\pi,-\pi<\omega\leqslant\pi \tag{8-60}$$

$$\mathrm{AICB}_4^a(\omega)=\frac{1}{2\pi}\int_{\omega}^{\pi}S_{3x}^a(\omega_1,\omega)\mathrm{d}\omega_1,\quad 0<\alpha\leqslant\pi,-\pi<\omega\leqslant\pi \tag{8-61}$$

$\mathrm{AICB}_3^a(\omega)$、$\mathrm{AICB}_4^a(\omega)$分别是沿积分路径 3 和积分路径 4 得到的轴向积分循环双谱。积分路径 3 和积分路径 4 如图 8-14 和图 8-15 所示。

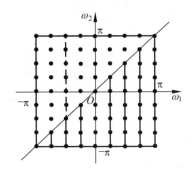 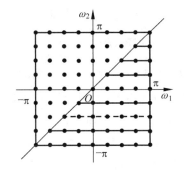

图 8-14　轴向积分循环双谱的积分路径 3　　图 8-15　轴向积分循环双谱的积分路径 4

根据循环双谱的性质,循环双谱分别沿图 8-14 和图 8-15 中两条粗虚线段积分得到的结果相等,换句话说,在 $\omega_1,\omega_2\in(-\pi,\pi]$ 的区域内,沿积分路径 4 和积分路径 3 积分得到的结果就分别对应于积分路径 1 的次对角线的上下半部分的积分,这就意味着虽然积分路径 3 和积分路径 4 包含循环双谱所有单个点的信息,但经过积分变换后,积分路径 3 和积分路径 4 的积分结果不能分别代表积分路径 1 和积分路径 2 的积分结果。

3）围线积分循环双谱

围线积分循环双谱特征提取方法是对循环双谱循环频率轴上的每一个取值,如图 8-16 所示,在两个谱频率构成的平面上沿粗实线和细虚线构成的矩形路径进行积分,考虑到循环双谱的性质,实际计算时,只需要对正循环频率对应的谱频率平面的粗实线积分即可。

4）子块积分循环双谱

子块积分循环双谱特征提取方法的具体做法是对循环双谱循环频率轴上的每一个取值,如图 8-17 所示,在两个谱频率构成的平面上,在矩形路径围成的区域积分。考虑到循环双谱的性质,实际计算时,只需要对正循环频率对应的谱频率平面的粗实线围成的区域积分即可。

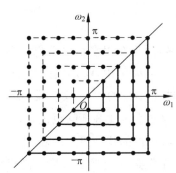 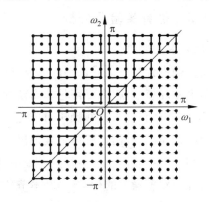

图 8-16　围线积分循环双谱积分路径示意图　　图 8-17　子块积分循环双谱积分区域示意图

5) 对角积分循环双谱

对角积分循环双谱特征提取方法的具体做法是对循环双谱循环频率轴上的每一个取值,在两个谱频率构成的平面上沿平行于对角线的直线序列积分。其积分表达式为

$$
\mathrm{DICB}_1^\alpha(k) = \begin{cases} \dfrac{1}{2\pi}\displaystyle\int_{k/2}^{\pi} S_{3x}^\alpha(\omega_1, k-\omega_1)\,d\omega_1\,; & 0 \leqslant k \leqslant 2\pi, 0 \leqslant \alpha \leqslant \pi \\[3mm] \dfrac{1}{2\pi}\displaystyle\int_{k/2}^{\pi+k} S_{3x}^\alpha(\omega_1, k-\omega_1)\,d\omega_1\,; & -2\pi \leqslant k < 0, 0 \leqslant \alpha \leqslant \pi \end{cases}
\tag{8-62}
$$

$$
\mathrm{DICB}_2^\alpha(k) = \dfrac{1}{2\pi}\int_{-\pi}^{\pi} S_{3x}^\alpha(\omega_1, \omega_1+k)\,d\omega_1\,; \quad -2\pi \leqslant k \leqslant 0, 0 \leqslant \alpha \leqslant \pi
\tag{8-63}
$$

$\mathrm{DICB}_1^\alpha(k)$ 为沿平行于主对角线的直线积分的表达式,$\mathrm{DICB}_2^\alpha(k)$ 为沿平行于次对角线的直线积分的表达式,其积分路径如图 8-18 和图 8-19 所示。图 8-18 为沿平行于主对角线的直线积分,图 8-19 为沿平行于次对角线的直线积分。在图 8-10 中,由于 ABCO 是循环双谱的对称面,所以实际应用时只需要计算正循环频率的对角积分。又由于 DEFG 也是循环双谱的对称面,所以图 8-19 得到的积分结果对称,换句话说,$\mathrm{DICB}_2^\alpha(k)$ 得到的结果只有一半有用,即只有实线部分的积分有用。而图 8-18 得到的积分结果全部有用,只是在计算时只需要对实线部分的循环双谱点积分。因此,$\mathrm{DICB}_1^\alpha(k)$ 得到的积分结果包含的相位信息和幅度信息比 $\mathrm{DICB}_2^\alpha(k)$ 丰富。所以此处将沿平行于主对角线的直线积分得到的结果称为对角积分循环双谱。

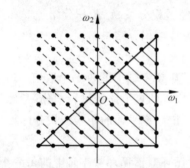
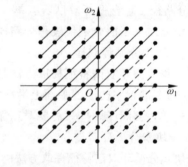

图 8-18 平行于主对角线的积分路径示意图　　　　图 8-19 平行于次对角线的积分路径示意图

8.3.3 仿真实验及分析

1. 仿真参数设置

高斯白噪声背景下信号识别的研究已经比较成熟,而且在很多情况下也是准确的。但是在复杂电磁环境下,很多噪声是非高斯的。而且在实际应用中,噪声往往并不是单一的,可能是几个噪声的叠加,这些噪声可能是双模,也可能是多模的[13]。双模噪声是高斯噪声和一种非高斯噪声的混合,整体上表现出非高斯性。双模噪声比高斯噪声复杂,同时包含了多模噪声的一些特性。在一些复杂环境中,把噪声看成双模的往往更加准确,也比高斯噪声更具一般性。双模噪声的种类较多,本节仿真采用的噪声是高斯噪声与均匀随机分布噪声按功率 1∶1 叠加。

仿真使用的 9 个信号与 8.2 节相同。COSTAS 的载频序列为 3000Hz、2000Hz、6000Hz、4000Hz、5000Hz、1000Hz,其余 7 个信号的载频均为 1000Hz。BPSK 采用的是 7 位巴克码,码元速率为 1000Hz/s。Frank 码、P1 码和 P2 码的 N 取 4,P3 码和 P4 码的 P 取 16,也就是说,5 种多相码信号的相位序列均包含 16 个可变相位,码元速率均为 1000Hz/s,计算可得多相码的带宽均为 1000Hz,各信号的码元周期均为 16ms。LFMCW 信号的调制带宽为 3500Hz,调频斜率为 130 500Hz/s。STLFMCW 的调制带宽为 250Hz,调制周期为 40ms。COSTAS 的跳频速率为 1000Hz。仿真采用的分类器为线性 SVM,训练样本和测试样本之比为 1∶4。最终结果由 10 次试验取平均得到。

2. 循环双谱特征抗噪性能分析

为了直观比较,此处把 9 个信号沿积分路径 1 得到的轴向积分循环双谱特征展示如图 8-20 所示。图 8-20 分别画出了 9 种信号在无噪声情况下的特征以及信噪比为 −5dB 时的特征。从图中可以看出,当信噪比为 −5dB 时,各种信号仍能基本保持其特征的轮廓,且各种信号的特征相差比较明显。

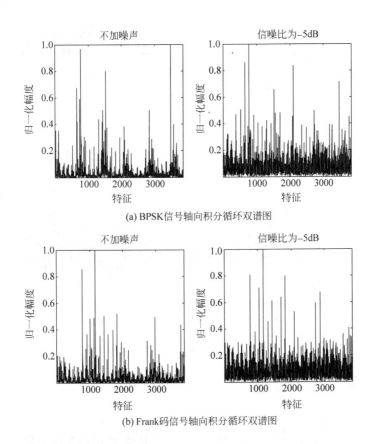

(a) BPSK信号轴向积分循环双谱图

(b) Frank码信号轴向积分循环双谱图

图 8-20 各信号轴向积分循环双谱特征比较

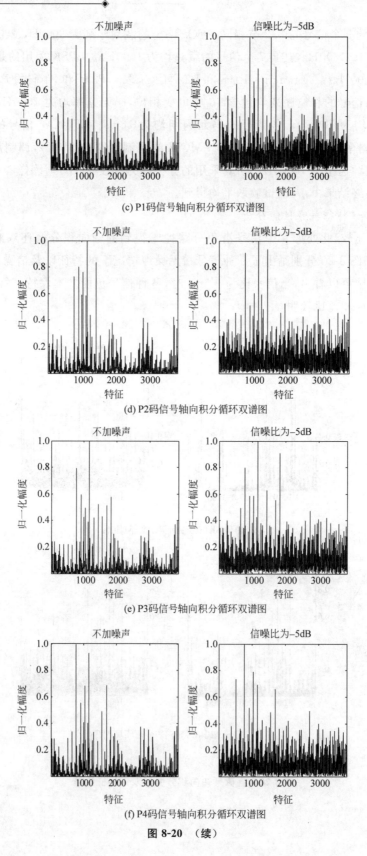

(c) P1码信号轴向积分循环双谱图

(d) P2码信号轴向积分循环双谱图

(e) P3码信号轴向积分循环双谱图

(f) P4码信号轴向积分循环双谱图

图 8-20 （续）

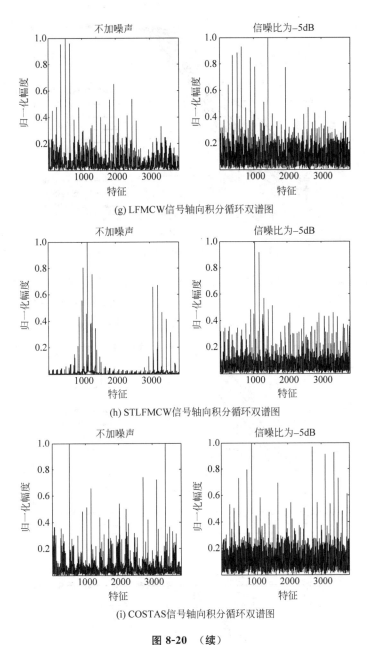

(g) LFMCW信号轴向积分循环双谱图

(h) STLFMCW信号轴向积分循环双谱图

(i) COSTAS信号轴向积分循环双谱图

图 8-20　（续）

3. 各种特征分类识别能力分析

径向积分循环双谱特征提取方法的识别性能如图 8-21 所示,从图中可以看出,LFMCW 信号的识别率最高,其他信号的识别率相差不大。低信噪比时,识别率随信噪比增加而缓慢增加,到 −7dB 时,平均识别率为 69.83%,在 −5dB 时,识别率迅速增长到 94.94%。到 −1dB 时,识别率接近 100%。

轴向积分循环双谱特征提取方法的识别性能如图 8-22 所示,其中图(a)为积分路径 1 的轴向积分循环双谱识别率曲线图,图(b)和图(c)分别为积分路径 3 和积分路径 4 的轴向积分循环双谱识别率曲线图。其中,识别率最高的信号均是 LFMCW,与径向积分循环双谱

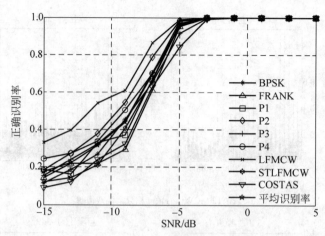

图 8-21　径向积分循环双谱识别率图

一样,其他信号的识别率相差不大。—7dB 时,轴向积分循环双谱的平均识别率均超过 90%,路径 1 的平均识别率为 96.19%,路径 3 和路径 4 的平均识别率分别为 94.75% 和 96.22%。—3dB 时,3 种路径的轴向积分循环双谱的识别率均接近 100%。

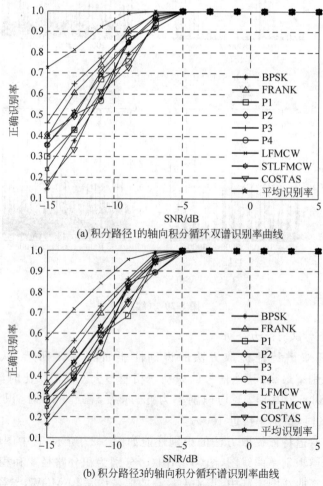

(a) 积分路径1的轴向积分循环双谱识别率曲线

(b) 积分路径3的轴向积分循环谱识别率曲线

图 8-22　轴向积分循环双谱识别率图

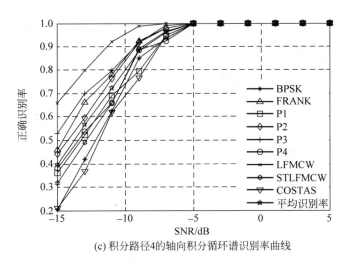

(c) 积分路径4的轴向积分循环谱识别率曲线

图 8-22 （续）

图 8-23 为 3 种积分路径的轴向积分循环双谱对比图,可以看出,积分路径 4 的平均识别率最高,积分路径 1 次之,积分路径 3 最低。

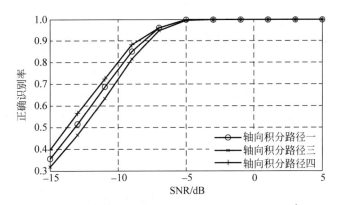

图 8-23 3 种积分路径的轴向积分循环双谱识别率比较

围线积分循环双谱特征提取方法的识别性能如图 8-24 所示,可以看出识别率最高的也是 LFMCW 信号,该信号的识别率随着信噪比的增加而直线上升,识别率最差的是 COSTAS 信号,其他信号的识别率相差不大。−7dB 时,围线积分循环双谱的识别率达到 92.67%,−3dB 时,识别率接近 100%。

子块积分循环双谱特征提取方法的识别性能如图 8-25 所示,LFMCW 的识别率远远高于其他信号,在信噪比为 −7dB 时,识别率率先接近 100%,而平均识别率在信噪比为 −3dB 时才接近 100%。−7dB 时,平均识别率也超过了 90%,为 91.56%。

对角积分循环双谱特征提取方法的识别性能如图 8-26 所示,LFMCW 信号的识别率高于其他信号。信噪比为 −3dB 时,识别率接近 100%。

5 种积分循环双谱都只是对循环双谱信息的一种组合方式,反映了循环双谱不同侧面的信息。不同的积分方式可能对不同的信号具有不同的偏好。为了能更好地利用循环双谱的信息,本节将径向积分循环双谱、积分路径 4 的轴向积分循环双谱、围线积分循环双谱、子

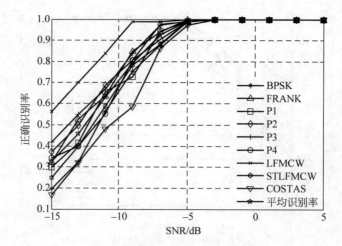

图 8-24　围线积分循环双谱识别率图

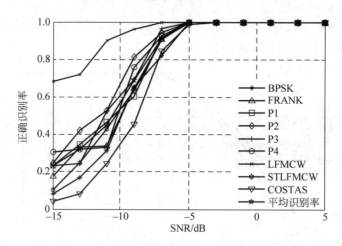

图 8-25　子块积分循环双谱识别率图

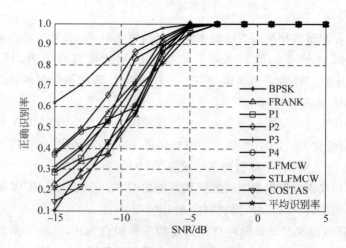

图 8-26　对角积分循环双谱识别率图

块积分循环双谱和对角积分循环双谱组合成一个特征向量,用于雷达辐射源信号的识别,这个特征向量叫做积分循环双谱组合特征(简称为积分组合特征)。图 8-27 积分组合特征的识别率图,LFMCW 信号的识别率在−13dB 时有个转折,识别率最低的信号为 Costas。信噪比为−3dB 时,各种信号的平均识别率接近 100%。

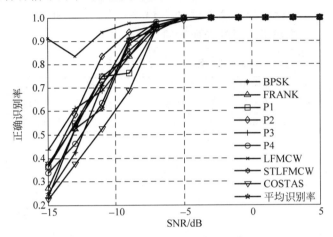

图 8-27 积分组合特征的识别率图

图 8-28 是各种积分循环双谱识别率与对角切片识别率的对比图,其中轴向积分循环双谱只画出了路径 4 的识别率曲线。5 种积分循环双谱中,轴线积分循环双谱的识别率最高,其次是围线积分循环双谱。信噪比低于−9dB 时,对角积分循环双谱的识别率高于子块积分循环双谱,信噪比大于−9dB 时,子块积分循环双谱的识别率超过对角积分循环双谱。识别率最低的是径向积分循环双谱。信噪比为−3dB 时,除了径向积分循环双谱的识别率为99.81%以外,其他积分循环双谱的识别率均接近 100%。积分组合特征的识别率整体上略低于轴向积分的识别率,而高于其他方法。其主要原因是一方面分类的有用信息增多了,另一方面,冗余特征的增多增加了分类器训练的难度,在样本数不变的情况下,很难找出合适的分类面将其分开,而后者起的作用更大。对角切片奇异值分解的识别率较低,信噪比为5dB 时,右特征向量的识别率才达到 79.03%,特征值的识别率仅为 76.14%,左特征向量基

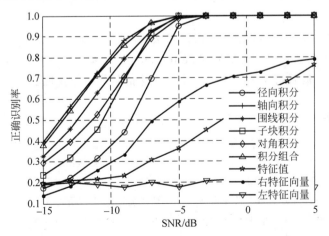

图 8-28 各种方法的比较图

本属于随机识别,不随信噪比的增加而发生明显变化。总之,积分循环双谱的识别率远远高于循环双谱对角切片奇异值分解的识别率,究其根源主要是因为后者只利用了循环双谱的对角切片信息,信息丢失严重,而后者根据循环双谱的对称性和周期性,利用了全部的循环双谱信息。

表 8-3 为各种方法实验耗时比较,表头的"分辨率"表示循环频率的分辨率。表中,假设对三阶循环累积量做二维离散傅里叶变换时的点数为 256。

表 8-3   各种方式实验耗时比较

分辨率	径向积分循环双谱	轴向积分循环双谱	围线积分循环双谱	子块积分循环双谱	对角积分循环双谱	奇异值分解
$2\pi/64$	0.342 990	0.038 335	0.076 899	0.155 986	0.219 060	0.026 739
$2\pi/128$	0.620 771	0.076 507	0.153 966	0.310 800	0.436 765	0.077 338
$2\pi/256$	1.274 283	0.150 480	0.308 234	0.636 045	0.870 778	0.309 507
$2\pi/512$	2.399 890	0.294 987	0.607 556	1.228 001	1.630 380	0.656 540

从表 8-3 可以看出,各种方法的计算时间均随着循环频率分辨率的增加而增加,但是积分循环双谱基本按线性增长,而奇异值分解的计算时间增长较快。循环频率分辨率为 $2\pi/64$ 时,奇异值分解的计算时间最短。当循环频率分辨率为 $2\pi/128$ 时,只有轴向积分循环双谱的计算时间略少于奇异值分解。当循环频率分辨率为 $2\pi/256$ 时,轴向积分循环双谱的计算时间约为奇异值分解的一半,围线积分循环双谱的计算时间略少于奇异值分解。其主要原因是积分是一种加法运算,而奇异值分解则是涉及矩阵的乘法运算,故随着循环频率分辨率的增加,数据量也相应增加,此时奇异值分解计算量小的优势就不再那么明显。

8.4   本章小结

本章主要研究了基于双谱的特征提取与信号识别方法,包括对角积分双谱和循环双谱。

在对角积分双谱中,首先介绍了高阶累积量的定义,并给出了高阶累积量抗加性高斯噪声的理论证明,提出了对角积分双谱,最后将对角积分双谱应用于雷达信号的提取特征与信号识别。

在循环双谱中,首先介绍了循环双谱的定义,并证明了循环双谱的对称性和周期性,介绍了一种基于循环双谱对角切片的特征提取方法;然后基于循环双谱的性质,先后提出了5 种积分循环双谱;最后将提出的方法应用于雷达信号的特征提取。

参考文献

[1] V Chandran,S L Elgar. Pattern Recognition Using Invariants Defined From Higher Order Spectra: One Dimensional Inputs[J]. IEEE Trans On SP,1993,41(1):205-212.

[2] 时宇. 特征估计与提取方法研究及在雷达目标识别中的应用[D]. 清华大学,2000.

[3] J K Tugnait. Detection of non-Gaussian signals using integrated polyspectrum[J]. IEEE Trans On SP,1994,42(12):3137-3149.

[4] Liao X J,Bao Z. Circularly Integrated Bispectra:Novel Shift Invariant Features for High Resolution

Radar Target Recognition[J]. Electronics Letters,1998,34(19)：1879-1880.

[5]　马君国,翟庆林.基于子块积分双谱的空间目标识别算法[J].火力与指挥控制,2008,33(8)：34-36.

[6]　马君国,肖怀铁,李保国,等.基于局部围线积分双谱的空间目标识别算法[J].系统工程与电子技术,2005,27(8)：1490-1494.

[7]　曹贲,马德宝,张昆帆.一种基于修正围线积分双谱的 HRRP 特征提取算法[J].信息工程大学学报,2011,12(2)：208-211.

[8]　Octavia A,Dobre O A,Ali Abdi. Cyclostationarity-Based Modulation Classification of Linear Digital Modulations in Flat Fading Channels [J]. Wireless Pers Commun (2010),2010：699-717.

[9]　Omar A,Yeste Ojeda. Cyclostationarity-Based Signal Separation in Interceptors Based on a Single Sensor [C]. Radar Conference,2008. RADAR′08. IEEE,Italy：IEEE,2008：1-6.

[10]　Zhao Fangming,He Di. Multiple Third Order Cyclic Frequencies Based Spectrum Sensing Scheme for CR Networks[C]. IEEE INFOCOM 2011 Workshop On Cognitive & Cooperative Networks,2011：74-79.

[11]　张贤达.非平稳信号分析与处理[M].北京：国防工业出版社,1998：346-354.

[12]　刘婷.基于循环平稳分析的雷达辐射源特征提取与融合识别[D].西安：西安电子科技大学.2009.

[13]　杨强.电子系统中多模噪声的研究[D].乌鲁木齐：新疆大学,2011.

图书资源支持

感谢您一直以来对清华版图书的支持和爱护。为了配合本书的使用,本书提供配套的资源,有需求的读者请扫描下方的"清华电子"微信公众号二维码,在图书专区下载,也可以拨打电话或发送电子邮件咨询。

如果您在使用本书的过程中遇到了什么问题,或者有相关图书出版计划,也请您发邮件告诉我们,以便我们更好地为您服务。

我们的联系方式:

地　　址: 北京市海淀区双清路学研大厦 A 座 701

邮　　编: 100084

电　　话: 010－62770175－4608

资源下载: http://www.tup.com.cn

客服邮箱: tupjsj@vip.163.com

QQ: 2301891038（请写明您的单位和姓名）

教学交流、课程交流

清华电子

扫一扫, 获取最新目录

用微信扫一扫右边的二维码,即可关注清华大学出版社公众号"清华电子"。